U0799589

高等学校教学用书

过程装备力学分析

李福宝　主编

北　京
冶　金　工　业　出　版　社
2010

内 容 提 要

全书共分 8 章，主要内容包括：弹性理论基本方程；薄壳理论；厚壁圆筒力学分析；薄板理论；开孔应力分析；外压容器力学分析；卧式容器力学分析；直立设备力学分析。

本书可供力学、土木建筑、机械制造等专业的师生参考阅读，也可供从事相关专业的技术人员参考使用。

图书在版编目(CIP)数据

过程装备力学分析/李福宝主编．—北京：冶金工业出版社，2010.2

高等学校教学用书

ISBN 978-7-5024-5176-9

Ⅰ．①过…　Ⅱ．①李…　Ⅲ．①化工过程—化工设备—工程力学—分析　Ⅳ．①TQ051

中国版本图书馆 CIP 数据核字(2010)第 019312 号

出 版 人　曹胜利

地　　址　北京北河沿大街嵩祝院北巷 39 号，邮编 100009

电　　话　(010) 64027926　电子信箱　postmaster@cnmip.com.cn

责任编辑　郭冬艳　美术编辑　李　新　版式设计　孙跃红

责任校对　石　静　责任印制　牛晓波

ISBN 978-7-5024-5176-9

北京印刷一厂印刷；冶金工业出版社发行；各地新华书店经销

2010 年 2 月第 1 版，2010 年 2 月第 1 次印刷

850mm × 1168mm　1/32；6.5 印张；172 千字；197 页；1-2500 册

18.00 元

冶金工业出版社发行部　电话：(010)64044283　传真：(010)64027893

冶金书店　地址：北京东四西大街 46 号(100711)　电话：(010)65289081

（本书如有印装质量问题，本社发行部负责退换）

前　言

随着石油化工行业的发展，过程装备技术显得越来越重要，特别是基础理论的研究给过程装备技术以理论上的支撑。本书以弹性理论为基础，以过程装备技术中典型单元为研究对象，研究其力学特性。主要内容包括弹性理论基本方程、薄壳理论、厚壁圆筒的力学分析、薄板理论、开孔应力分析、外压容器力学分析、卧式容器力学分析、直立设备力学分析。本书可供力学、土木建筑、机械制造等专业的本科及研究生参考使用，也可供从事相关专业的工程技术人员参考使用。

全书共8章，其中第1、3、7、8章由李福宝编写，第2、4章由李勤编写，第5、6章由王德喜编写，李福宝负责全书统稿。

本书在编写过程中得到了很多专家、学者的支持，也得到很多同志的帮助，借此表示深深的谢意！

限于编者水平，书中难免有错误和疏漏之处，敬请读者指正。

编　者

2009年12月

目　　录

1 弹性理论基本方程

弹性理论所研究的对象是理想弹性体，即弹性体中的变形是应力的单值函数，在外载荷取消后变形即消失。而在塑性理论中，所研究的物体在足够大的应力作用下会引起残余变形，即使载荷卸除后残余变形仍不消失。弹性理论的任务是研究理想弹性体在外力作用下所产生的应力和变形以及与变形有关的位移；而塑性理论则是研究物体处于全部或局部塑性状态时的应力和变形问题。

1.1 空间问题

1.1.1 力的概念

弹性理论中常用的物体量有外力、应力、变形和位移。

1.1.1.1 *外力*

作用于物体的外力可以分为体力和面力。所谓体力，是分布在物体体积内的力，例如重力和惯性力；所谓面力，是作用在物体表面上的力，例如流体的压力和接触力。以 X、Y、Z 表示体力在 x、y、z 坐标轴上投影。

1.1.1.2 *应力*

在物体内某一点 P 取一个无穷小的平行六面体，它的棱边平行于坐标轴，而长度为 $PA = \mathrm{d}x$，$PB = \mathrm{d}y$，$PC = \mathrm{d}z$，如图 1-1 所示，将每一个面上的应力分解为一个正应力和两个剪切力，分别与三个坐标轴平行。正应力用 σ 表示，为了表明这个应力的作用面和作用方向，再加上一个下标，例如：正应力 σ_x 是作用在垂直于 x 轴的面上，同时也沿 x 轴方向作用的。剪应力用字母 τ 表示，并加上两个下标。前一个下标表明作用面垂直于哪一个

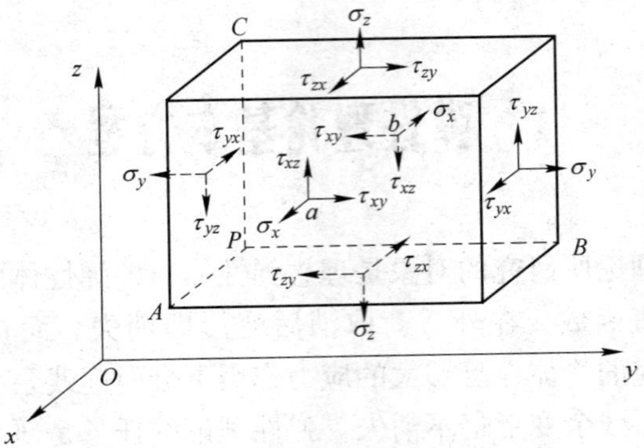

图 1-1　弹性体内某一点 P 的应力

坐标轴，下标中的第二个字母表明作用方向沿着哪一个坐标轴，例如：剪应力 τ_{xy} 是作用在垂直于 x 轴的面上，而沿 y 轴方向作用的。

如果某一个面上的外法线与坐标轴的正方向相同，则这个面上的应力就以沿着坐标轴正方向为正，沿坐标轴负方向为负；反之，如果某一个面上的外法线与坐标轴的负方向相同，则这个面上的应力沿着坐标轴负方向为正，沿坐标轴正方向为负。图 1-1 中所示的应力全都是正的。

一般而论，应力是位置坐标的函数。因此，作用在这六面体两对面上的应力不完全相同，而有微小的差量，例如：过点 APC 所得的面的正应力是 σ_y，由于坐标 y 的改变，作用在过 B 点的面上正应力则是 $\sigma_y + \dfrac{\partial \sigma_y}{\partial y}\mathrm{d}y$，依此类推。

1.1.1.3　剪应力互等定律

根据平衡条件：$\Sigma M = 0$，可列出微元体的平衡方程。

首先，连接六面体前后两面中心的直线 ab，并以此为矩轴，$\Sigma M_{\mathrm{ab}} = 0$：

$$\left(\tau_{yz} + \frac{\partial \tau_{yz}}{\partial y}\right)\mathrm{d}x\mathrm{d}z\,\frac{\mathrm{d}y}{2} + \tau_{yz}\mathrm{d}x\mathrm{d}z\,\frac{\mathrm{d}y}{2}$$

$$-\left(\tau_{zy}+\frac{\partial\tau_{zy}}{\partial z}\mathrm{d}z\right)\mathrm{d}x\mathrm{d}y\frac{\mathrm{d}z}{2}-\tau_{zy}\mathrm{d}x\mathrm{d}y\frac{\mathrm{d}z}{2}=0$$

化简后,得: $$\tau_{yz}+\frac{1}{2}\frac{\partial\tau_{yz}}{\partial y}\mathrm{d}y-\tau_{zy}-\frac{1}{2}\frac{\partial\tau_{zy}}{\partial z}\mathrm{d}z=0$$

略去微量以后,得: $$\tau_{yz}=\tau_{zy}$$

同样可以得出: $$\tau_{zx}=\tau_{xz},\ \tau_{xy}=\tau_{yx}$$

这就证明了剪应力互等定律：作用在两垂直于该两面交线的剪切力是互等的（大小相等，符号也相同，同指向或背离交线），因此，剪切力记号的两个下标先后次序可以对调。

1.1.2 空间问题的平衡方程

以 x 轴为投影轴，列出 $\Sigma F_x=0$,X 表示单位体积的体力在 x 坐标轴上的投影，得:

$$\left(\sigma_x+\frac{\partial\sigma_x}{\partial x}\mathrm{d}x\right)\mathrm{d}y\mathrm{d}z-\sigma_x\mathrm{d}y\mathrm{d}z+\left(\tau_{yz}+\frac{\partial\tau_{yx}}{\partial y}\mathrm{d}y\right)\mathrm{d}z\mathrm{d}x-\tau_{yx}\mathrm{d}z\mathrm{d}x+$$

$$\left(\tau_{zx}+\frac{\partial\tau_{zx}}{\partial z}\mathrm{d}z\right)\mathrm{d}x\mathrm{d}y-\tau_{zx}\mathrm{d}x\mathrm{d}y+X\mathrm{d}x\mathrm{d}y\mathrm{d}z=0$$

同理: $\Sigma F_y=0$ 和 $\Sigma F_z=0$ ，可以得出与上式相似的两个方程式。整理后得:

$$\begin{cases}\dfrac{\partial\sigma_x}{\partial x}+\dfrac{\partial\tau_{yx}}{\partial y}+\dfrac{\partial\tau_{zx}}{\partial z}+X=0\\[2ex]\dfrac{\partial\sigma_y}{\partial y}+\dfrac{\partial\tau_{zy}}{\partial z}+\dfrac{\partial\tau_{xy}}{\partial x}+Y=0\\[2ex]\dfrac{\partial\sigma_z}{\partial z}+\dfrac{\partial\tau_{xz}}{\partial x}+\dfrac{\partial\tau_{yz}}{\partial y}+Z=0\end{cases}\tag{1-1}$$

这就是空间问题的平衡方程式。σ_x，σ_y，σ_z，$\tau_{yz}=\tau_{zy}$，$\tau_{zx}=\tau_{xz}$，$\tau_{xy}=\tau_{yx}$，这六个量完全可以确定空间某一点 P 的应力状态，称之为该点的应力分量。

式（1-1）的三个平衡方程式中包括六个应力分量，求解必须借助变形与位移关系，即几何方程和物理方程才能完成。

1.1.3 空间问题的几何方程

取弹性体内任意一点 P 微小平行六面体在 x-y 平面的投影如图 1-2 所示。PA、PB 是弹性体受力前的线段，受力以后，P、A、B 分别移动到 P'、A'、B'。设 $PA=\mathrm{d}x$，$PB=\mathrm{d}y$ 以及 P 点在 x 方向的位移分量是 u，则 A 点在 x 方向的位移分量是 $u+\dfrac{\partial u}{\partial x}\mathrm{d}x$。因此，线段 PA 的正应变是：

$$\varepsilon_x=\frac{\left(u+\dfrac{\partial u}{\partial x}\mathrm{d}x\right)-u}{\mathrm{d}x}=\frac{\partial u}{\partial x}$$

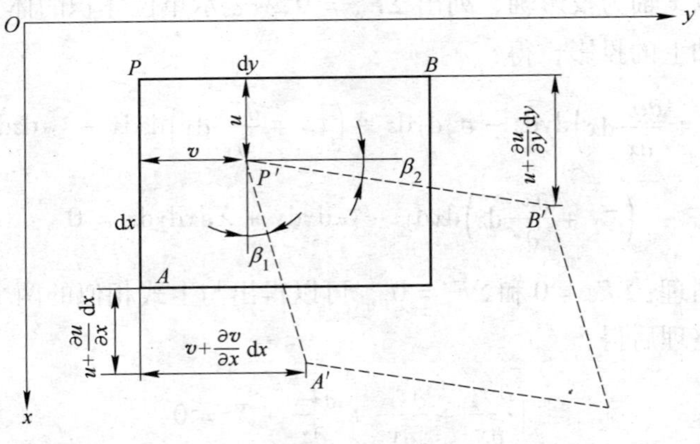

图 1-2　点 P 在 x-y 平面的位移

同样，P 点在 y 方向的位移分量为 v，线段 PB 的正应变是：

$$\varepsilon_y=\frac{\partial v}{\partial y}$$

其次，利用图 1-2 可求出线段 PA 与 PB 之间的直角改变，也就是剪应变 γ_{xy}。这个应变是由两部分组成的，一部分是 x 方向的线段 PA 向 y 方向的线段 PB 的转角 β_1，另一部分是 y 方向的线段 PB 向 x 方向的线段 PA 的转角 β_2。从图 1-2 可以看出：

$$\beta_1 = \frac{\left(v + \frac{\partial v}{\partial x}\mathrm{d}x\right) - v}{\mathrm{d}x} = \frac{\partial v}{\partial x}$$

$$\beta_2 = \frac{\partial u}{\partial y}$$

可见，线段 PA 与 PB 之间的剪应变是：$\gamma_{xy} = \beta_1 + \beta_2 = \frac{\partial v}{\partial x} + \frac{\partial u}{\partial y}$。

同理，根据弹性体内任一点 P 的微六面体在 y-z 平面和 x-z 平面上的投影，可求得在 z 方向的正应变和相应的剪应变：

$$\varepsilon_z = \frac{\partial w}{\partial z},\ \gamma_{yz} = \frac{\partial w}{\partial y} + \frac{\partial v}{\partial z},\ \gamma_{xz} = \frac{\partial u}{\partial z} + \frac{\partial w}{\partial x}$$

式中，w 为 P 点在 z 方向的位移分量。

综合以上各式，空间问题的几何方程为：

$$\begin{cases} \varepsilon_x = \dfrac{\partial u}{\partial x},\ \gamma_{yz} = \dfrac{\partial w}{\partial y} + \dfrac{\partial v}{\partial z} \\ \varepsilon_y = \dfrac{\partial v}{\partial y},\ \gamma_{xz} = \dfrac{\partial u}{\partial z} + \dfrac{\partial w}{\partial x} \\ \varepsilon_z = \dfrac{\partial w}{\partial z},\ \gamma_{xy} = \dfrac{\partial v}{\partial x} + \dfrac{\partial u}{\partial y} \end{cases} \tag{1-2}$$

至于弹性体变形前后体积的改变与位移分量之间的关系可从下列步骤求得：无穷小的平行六面体，它的棱边长度是 dx、dy、dz。变形前的体积是 dxdydz；变形后体积为 $(\mathrm{d}x + \varepsilon_x\mathrm{d}x)(\mathrm{d}y + \varepsilon_y\mathrm{d}y)(\mathrm{d}z + \varepsilon_z\mathrm{d}z)$。因此，它的体积应变是 e，即每单位体积的体积改变：

$$e = \frac{(\mathrm{d}x + \varepsilon_x\mathrm{d}x)(\mathrm{d}y + \varepsilon_y\mathrm{d}y)(\mathrm{d}z + \varepsilon_z\mathrm{d}z) - \mathrm{d}x\mathrm{d}y\mathrm{d}z}{\mathrm{d}x\mathrm{d}y\mathrm{d}z}$$

$$= (1 + \varepsilon_x)(1 + \varepsilon_y)(1 + \varepsilon_z) - 1 \tag{1-3}$$

略去高阶微量（两个或三个应变的乘积）得：

$$e = \varepsilon_x + \varepsilon_y + \varepsilon_z \tag{1-3a}$$

或
$$e = \frac{\partial u}{\partial x} + \frac{\partial v}{\partial y} + \frac{\partial w}{\partial z} \tag{1-3b}$$

1.1.4 空间问题的物理方程

对于完全弹性体其各向同性，根据胡克定律导出应力分量与形变分量之间的关系式，有：

$$\begin{cases} \varepsilon_x = \dfrac{1}{E} + [\sigma_x - \mu(\sigma_y + \sigma_z)] \\ \varepsilon_y = \dfrac{1}{E} + [\sigma_y - \mu(\sigma_x + \sigma_z)] \\ \varepsilon_z = \dfrac{1}{E} + [\sigma_z - \mu(\sigma_x + \sigma_y)] \\ \gamma_{yz} = \dfrac{1}{G}\tau_{yz},\ \gamma_{zx} = \dfrac{1}{G}\tau_{xz},\ \gamma_{xy} = \dfrac{1}{G}\tau_{yx} \end{cases} \tag{1-4}$$

这是空间问题的物理方程。其中 G 是剪性弹性模数，E 是弹性模数，μ 是泊松系数。三者之间的关系为：

$$G = \frac{E}{2(1+\mu)}$$

式（1-4）的应变分量与应力分量关系，也可以表示成为应力分量与应变分量的关系（空间问题物理方程的另一形式）：

$$\begin{cases} \sigma_x = 2G\left(\varepsilon_x + \dfrac{\mu}{1-2\mu}e\right) \\ \sigma_y = 2G\left(\varepsilon_y + \dfrac{\mu}{1-2\mu}e\right) \\ \sigma_z = 2G\left(\varepsilon_z + \dfrac{\mu}{1-2\mu}e\right) \\ \tau_{yx} = G\gamma_{xy},\ \tau_{zy} = G\gamma_{yz},\ \tau_{xz} = G\gamma_{zx} \end{cases} \tag{1-5}$$

式（1-1）、式（1-2）、式（1-4）共十五个方程，包含十五个未知量：

$$\sigma_x,\ \tau_{xy},\ \varepsilon_x,\gamma_{xy},\ \mu,\ \sigma_y,\ \tau_{yz},\ \varepsilon_y,\ \gamma_{xz},\ v,\ \sigma_z,\ \tau_{zx},\ \varepsilon_z,\ \gamma_{zy},\ w$$

在每个具体问题的求解过程中，应当再给出弹性体表面上的边界条件，作为这些方程的补充。

1.2 平面问题

任何一个弹性体都是空间问题，一般的外力都是空间力系。但是，当弹性体具有某种特殊形状并且受到某种特殊的体力和面力时，空间问题可以简化为平面问题，只需考虑平行于某一平面的应力或者位移。

1.2.1 平面应力问题与平面应变问题

平面问题可分为平面应力问题和平面应变问题。

1.2.1.1 平面应力问题

当弹性体的一个方向的尺寸很小，如薄板，如图 1-3a 所示。只在边缘上受到平行于板面并且不沿厚度变化的面力，同时，体力也平行于板面并且不沿厚度变化。设薄板厚度为 s，由于上下板面无外载荷作用，因而上下板面上的应力分量为零，即：

$$(\sigma_z)_{z=\pm\frac{s}{2}}=0,\ (\tau_{zx})_{z=\pm\frac{s}{2}}=0,\ (\tau_{zy})_{z=\pm\frac{s}{2}}=0$$

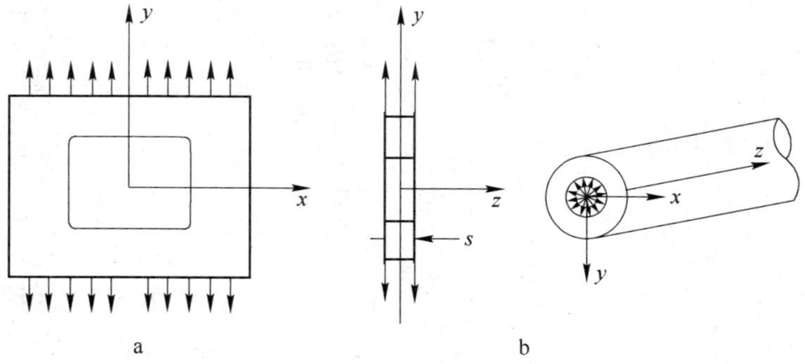

图 1-3 平面问题示例

因为板很薄，外力又不沿厚度变化，应力沿着板的厚度又是连续分布的，所以，可以认为在整个薄板的所有各点都有：

$$\sigma_z = 0,\ \tau_{zx} = \tau_{xz} = 0,\ \tau_{zy} = \tau_{yz} = 0$$

这样，只剩下平行于 x-y 面的三个应力分量：σ_x，σ_y，$\tau_{xy} = \tau_{yx}$。同时，由于板很薄，这三个应力变量以及应变分量和位移分量也都可以认为是不沿厚度变化，而且它们只是 x 和 y 的函数，与 z 无关，这类问题称为平面应力问题。

1.2.1.2　平面应变问题

当弹性体的一个方向尺寸很大，例如无限长的管子（圆柱形筒体），如图 1-3b 所示。则圆柱体在任一点的应力变量、应变分量和位移分量都不沿 z 方向变化，只是 x 和 y 的函数，与 z 无关。在这一情况下，由于在 z 方向圆柱体的结构形式和受力都相同，因此任一横截面都可以看做是对称面，而对称面在 z 方向的位移必须为零，所以圆柱体内任一点都只有 x、y 方向的位移 u、v。这类问题称为平面应变问题。

1.2.2　平面问题的三大方程

（1）平衡微分方程式：

$$\begin{cases} \dfrac{\partial \sigma_x}{\partial x} + \dfrac{\partial \tau_{xy}}{\partial y} + X = 0 \\ \dfrac{\partial \sigma_y}{\partial y} + \dfrac{\partial \tau_{xy}}{\partial x} + Y = 0 \end{cases} \tag{1-6}$$

（2）几何方程式：

$$\begin{cases} \varepsilon_x = \dfrac{\partial u}{\partial x} \\ \varepsilon_y = \dfrac{\partial v}{\partial y} \\ \gamma_{xy} = \dfrac{\partial v}{\partial x} + \dfrac{\partial u}{\partial y} \end{cases} \tag{1-7}$$

（3）物理方程式：

1）在平面应力情况下，因 $\sigma_z = 0$，故：

$$\begin{cases} \varepsilon_x = \dfrac{1}{E}(\sigma_x - \mu\sigma_y) \\ \varepsilon_y = \dfrac{1}{E}(\sigma_y - \mu\sigma_x) \\ \varepsilon_x = -\dfrac{\mu}{E}(\sigma_x + \sigma_y) \\ \gamma_{xy} = \dfrac{2(1+\mu)}{E}\tau_{xy} \end{cases} \tag{1-8}$$

或

$$\begin{cases} \sigma_x = \dfrac{E}{1-\mu^2}(\varepsilon_x + \mu\varepsilon_y) \\ \sigma_y = \dfrac{E}{1-\mu^2}(\mu\varepsilon_x + \varepsilon_y) \\ \tau_{xy} = \dfrac{E}{2(1+\mu)}\gamma_{xy} \end{cases} \tag{1-8a}$$

2）在平面应变情况下，因为 σ_z 不等于零，而物体所有点都不沿 z 方向移动，所以 z 方向的线段没有正应变，也就是 $\varepsilon_z = 0$，故有：

$$\varepsilon_z = \frac{1}{E}[\sigma_z - \mu(\sigma_x + \sigma_y)] = 0$$

即：

$$\sigma_z = \mu(\sigma_x + \sigma_y)$$

物理方程式为：

$$\begin{cases} \varepsilon_x = \dfrac{1-\mu^2}{E}\left(\sigma_x - \dfrac{\mu}{1-\mu}\sigma_y\right) \\ \varepsilon_y = \dfrac{1-\mu^2}{E}\left(\sigma_y - \dfrac{\mu}{1-\mu}\sigma_x\right) \\ \gamma_{xy} = \dfrac{2(1+\mu)}{E}\tau_{xy} \end{cases} \tag{1-9}$$

或

$$
\begin{cases}
\sigma_x = \dfrac{E(1-\mu)}{(1+\mu)(1-2\mu)}\left(\varepsilon_x + \dfrac{\mu}{1-\mu}\varepsilon_y\right) \\
\sigma_y = \dfrac{E(1-\mu)}{(1+\mu)(1-2\mu)}\left(\varepsilon_y + \dfrac{\mu}{1-\mu}\varepsilon_x\right) \\
\tau_{xy} = \dfrac{E}{2(1-\mu)}\gamma_{xy}
\end{cases}
\tag{1-9a}
$$

比较式（1-8）与式（1-9）可以看出：在式（1-8）中，将 E 换为 $\dfrac{E}{1-\mu^2}$，将 μ 换为 $\dfrac{\mu}{1-\mu}$，就得到式（1-9）。亦即，平面应力问题的有关方程式经过这样的变换就可以得到平面应变问题的相应方程式。

1.2.3 弹性理论问题的求解方法

求解弹性理论问题有两种基本方法：按位移求解和按应力求解。按位移求解时，取弹性体中各点的位移作为基本未知量，这样对于物体中每一点（x，y，z）有三个未知量 u，v，w 使之满足平衡方程式（1-1），同时满足边界条件，这些方程都用位移分量表示；按应力求解时，取弹性体中各点的应力作为基本未知量，这样对于物体中每一点有六个未知量：σ_x、σ_y、σ_z、τ_{xy}、τ_{yz}、τ_{zx}。要求出这六个未知量，只有平衡方程式（1-1）是不够的，这是由于式（1-1）三个方程，因此还需用变形条件和边界条件补充不足。求解平面问题，在绝大多数的情况下都是以按应力求解比较方便。

1.2.3.1 平面问题的变形协调方程式或相容条件

在平面问题的几何方程中，即式（1-7），将 ε_x 对于 y 的二阶导数和 ε_y 对于 x 的二阶导数相加，得：

$$
\frac{\partial^2 \varepsilon_x}{\partial y^2} + \frac{\partial^2 \varepsilon_y}{\partial x^2} = \frac{\partial^3 u}{\partial x \partial y^2} + \frac{\partial^3 v}{\partial y \partial x^2} = \frac{\partial^2}{\partial x \partial y}\left(\frac{\partial u}{\partial y} + \frac{\partial v}{\partial x}\right)
$$

上式中右端括号中的表达式就是 γ_{xy}，故可写成

$$\frac{\partial^2 \varepsilon_x}{\partial y^2} + \frac{\partial^2 \varepsilon_y}{\partial x^2} = \frac{\partial^2 \gamma_{xy}}{\partial x \partial y} \tag{1-10}$$

式（1-10）称为平面问题的变形协调方程式或相容条件。

相容条件的物理意义是变形以后的物体保持连续。若任选函数 ε_x、ε_y、γ_{xy} 而不能满足这个方程，则将此任选的 ε_x、ε_y、γ_{xy} 代入几何方程式（1-7）中，由其中的任意两式例如 $\varepsilon_x = \frac{\partial u}{\partial x}$，$\varepsilon_y = \frac{\partial v}{\partial y}$ 求出的位移分量 u、v 将不满足式（1-7）中的第三式 $\gamma_{xy} = \frac{\partial v}{\partial x} + \frac{\partial u}{\partial y}$。这说明变形后的物体不能满足保持连续，发生某些部分相互脱离或间断的情况。只有当 ε_x、ε_y、γ_{xy} 满足式(1-10)，变形才能协调。

按应力求解，相容条件（1-10）常常需换算成只包含应力分量的表达式。

对于平面应力的情况，将物理方程（1-8）代入式(1-10)得：

$$\frac{\partial^2}{\partial y^2}(\sigma_x - \mu\sigma_y) + \frac{\partial^2}{\partial x^2}(\sigma_y - \mu\sigma_x) = 2(1+\mu)\frac{\partial^2 \tau_{xy}}{\partial x \partial y} \tag{1-10a}$$

用平衡微分方程式（1-6）的关系，将上式中的剪应力消去。为此，式（1-6）改写成

$$\frac{\partial \tau_{xy}}{\partial y} = -\frac{\partial \sigma_x}{\partial x} - X$$

$$\frac{\partial \tau_{xy}}{\partial x} = -\frac{\partial \sigma_y}{\partial y} - Y$$

将前式对 x 求导数，将后式对 y 求导数，然后相加，得：

$$2\frac{\partial^2 \tau_{xy}}{\partial x \partial y} = -\frac{\partial^2 \sigma_x}{\partial x^2} - \frac{\partial^2 \sigma_y}{\partial y^2} - \frac{\partial X}{\partial x} - \frac{\partial Y}{\partial y}$$

代入（1-10a）得：

$$\frac{\partial^2}{\partial y^2}(\sigma_x-\mu\sigma_y)+\frac{\partial^2}{\partial x^2}(\sigma_y-\mu\sigma_x)$$

$$=-(1+\mu)\left(\frac{\partial^2\sigma_x}{\partial x^2}+\frac{\partial^2\sigma_y}{\partial y^2}+\frac{\partial X}{\partial x}+\frac{\partial Y}{\partial y}\right)$$

化简，得：

平面应力下相容条件：

$$\left(\frac{\partial^2}{\partial x^2}+\frac{\partial^2}{\partial y^2}\right)(\sigma_x+\sigma_y)=-(1+\mu)\left(\frac{\partial X}{\partial x}+\frac{\partial Y}{\partial y}\right) \tag{1-11}$$

对于平面应变的情况，依此同样的推导，可以求得：

平面应变下相容条件：

$$\left(\frac{\partial^2}{\partial x^2}+\frac{\partial^2}{\partial y^2}\right)(\sigma_x+\sigma_y)=-\frac{1}{1-\mu}\left(\frac{\partial X}{\partial x}+\frac{\partial Y}{\partial y}\right) \tag{1-12}$$

如果体力分量 X 和 Y 在整个物体内是常量（例如：重力），那么，方程式（1-11）和方程式（1-12）的右边都等于零。在这种情况下，用应力表示的相容条件在平面应力和平面应变两种情况下都是：

$$\left(\frac{\partial^2}{\partial x^2}+\frac{\partial^2}{\partial y^2}\right)(\sigma_x+\sigma_y)=0 \tag{1-13}$$

因此，按应力求解平面问题时，如果体力为常量，应力分量应当满足的平衡条件和相容条件，综合写在一起成为：

$$\begin{cases}\dfrac{\partial\sigma_x}{\partial x}+\dfrac{\partial\tau_{xy}}{\partial y}+X=0\\[2ex]\dfrac{\partial\sigma_y}{\partial y}+\dfrac{\partial\tau_{xy}}{\partial x}+Y=0\\[2ex]\left(\dfrac{\partial^2}{\partial x^2}+\dfrac{\partial^2}{\partial y^2}\right)(\sigma_x+\sigma_y)=0\end{cases}$$

除此以外，应力分量在弹性体的边界上还应当满足边界条件。

1.2.3.2　平面问题的边界条件

平面问题的边界条件有以下三种。

A　位移边界条件

若弹性体在边界上给定位移分量 $\bar{u}$、$\bar{v}$，它们是边界坐标的已知函数。作为基本方程的位移分量 u、v 则是坐标的待求函数，当代入边界坐标时，必须等于该点的给定位移，即要求

$$u = \bar{u}、v = \bar{v} \tag{1-14}$$

式（1-14）就是位移边界条件。

B　应力边界条件

若弹性体在边界上给定表面力分量 $\bar{X}$、$\bar{Y}$，它们在边界上是坐标的已知函数。作为基本方程解的应力分量 σ_x、σ_y、τ_{xy} 则是坐标的待求函数。在边界上，应力分量与给定表面力之间的关系，即应力边界条件，可由边界上微小单元体的平衡条件得出。

在边界上取出微小单元体，它的斜面 AB 与物体的边界重合，如图 1-4 所示。用 N 代表边界面 AB 的外法线方向，并令 N 的方向余弦为：

$$\cos(N, x) = l$$
$$\cos(N, y) = m$$

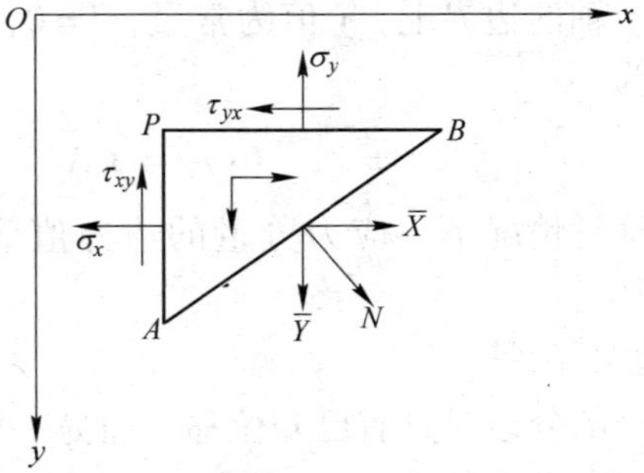

图 1-4　应力边界条件

若边界面 AB 的长度为 ds，则 PA 和 PB 的长度分别为 lds 和 mds，垂直于图面的尺寸取为一个单位，作为在边界上的已知面

力沿坐标轴的分量为 $\bar{X}$、$\bar{Y}$。由平衡条件 $\Sigma F_x=0$，得：

$$\bar{X}\mathrm{d}s\times1-\sigma_x l\mathrm{d}s\times1-\tau_{yx}m\mathrm{d}s\times1+X\frac{l\mathrm{d}sm\mathrm{d}s\times1}{2}=0$$

略去高阶微量并将各项除以 ds，并令 ds 趋于零，则得

$$l(\sigma_x)_s+m(\tau_{yx})_s=\bar{X}$$

式中，$(\sigma_x)_s$、$(\tau_{yx})_s$ 是应力分量的边界值。

同样，由平衡条件 $\Sigma F_y=0$，得：

$$m(\sigma_y)_s+l(\tau_{xy})_s=\bar{Y}$$

于是得到物体边界上各点应力分量与面力分量之间的关系式，即平面问题的边界条件为

$$\begin{cases}l(\sigma_x)_s+m(\tau_{yx})_s=\bar{X}\\m(\sigma_y)_s+l(\tau_{xy})_s=\bar{Y}\end{cases}\tag{1-15}$$

当边界垂直于某一坐标轴时，应力边界条件的形式将大为简化：在垂直于 x 轴的边界上，x 值为常量，$l=\pm1$，$m=0$，应力边界条件简化为

$$(\sigma_x)_s=\pm\bar{X},\ (\tau_{xy})_s=\pm\bar{Y}$$

在垂直于 y 轴的边界上，y 值为常量，$l=0$，$m=\pm1$，应力边界条件简化为

$$(\sigma_y)_s=\pm\bar{Y},\ (\tau_{yx})_s=\pm\bar{X}$$

可见，在这种情况下，应力分量的边界值等于对应的面力分量。

C　混合边界条件

当物体的一部分边界具有已知位移，而另一部分边界具有已知面力时，则具有已知位移的边界可应用式（1-14），具有已知面力的边界可应用式（1-15）。此外，还可能在同一部分边界上出现混合边界条件，即两个边界条件中的一个是位移边界条件，另一个则是应力边界条件。

1.2.3.3　应力函数

为了求解方便，构造一个函数 $\phi(x,y)$。

在体力为常量的情况下，将应力作为基本变量求解平面问题时，归结为求解下列微分方程组

$$\begin{cases}\dfrac{\partial\sigma_x}{\partial x}+\dfrac{\partial\tau_{yx}}{\partial y}+X=0\\[2ex]\dfrac{\partial\sigma_y}{\partial y}+\dfrac{\partial\tau_{xy}}{\partial x}+Y=0\end{cases}\tag{1-16}$$

$$\left(\frac{\partial^2}{\partial x^2}+\frac{\partial^2}{\partial y^2}\right)(\sigma_x+\sigma_y)=0\tag{1-17}$$

平衡方程（1-16）是非齐次微分方程组，它的解包括两部分，即方程（1-16）的任一特解和齐次方程

$$\begin{cases}\dfrac{\partial\sigma_x}{\partial x}+\dfrac{\partial\tau_{yx}}{\partial y}=0\\[2ex]\dfrac{\partial\sigma_y}{\partial y}+\dfrac{\partial\tau_{xy}}{\partial x}=0\end{cases}\tag{1-18}$$

的通解之和。

式（1-16）的特解为：

$$\sigma_x=-Xx,\ \sigma_y=-Yy,\ \tau_{xy}=0\tag{1-19}$$

将式（1-19）代入式（1-16）是能满足的。

为了求齐次方程（1-18）的通解，可将式（1-18）改写为：

$$\frac{\partial\sigma_x}{\partial x}=\frac{\partial}{\partial y}(-\tau_{yx})\tag{a}$$

$$\frac{\partial\sigma_y}{\partial y}=\frac{\partial}{\partial x}(-\tau_{xy})\tag{b}$$

由微分理论可知：若存在 $\dfrac{\partial p(x,y)}{\partial y}=\dfrac{\partial q(x,y)}{\partial x}$。则表达式 $p(x,y)\mathrm{d}x+q(x,y)\mathrm{d}y$ 必是某 x，y 函数的全微分。因此，式（a）指出了表达式 $\sigma_x\mathrm{d}y-\tau_{yx}\mathrm{d}x$ 是以 $A(x,y)$ 表示某函数的全微分。于

是：

$$\sigma_x = \frac{\partial A(x,y)}{\partial y},\ \tau_{yx} = -\frac{\partial A(x,y)}{\partial x} \tag{c}$$

同样，式（b）指出了表达式 $\sigma_y \mathrm{d}x - \tau_{xy}\mathrm{d}y$ 是函数 $B(x,y)$ 的全微分。且

$$\tau_{xy} = -\frac{\partial B(x,y)}{\partial y},\ \sigma_y = \frac{\partial B(x,y)}{\partial x} \tag{d}$$

比较式（c）和式（d），可得到：

$$\frac{\partial A(x,y)}{\partial x} = \frac{\partial B(x,y)}{\partial y} \tag{e}$$

由式（e）也指出表达式 $B(x,y)\mathrm{d}x + A(x,y)\mathrm{d}y$ 是某函数 $\phi(x,y)$ 的全微分，并且

$$B(x,y) = \frac{\partial \phi}{\partial x},\ A(x,y) = \frac{\partial \phi}{\partial y} \tag{f}$$

将式（c）、式（d）、代入式（f），就得到式（1-18）的通解

$$\begin{cases} \sigma_x = \dfrac{\partial^2 \phi}{\partial y^2} \\ \sigma_y = \dfrac{\partial^2 \phi}{\partial x^2} \\ \tau_{xy} = -\dfrac{\partial^2 \phi}{\partial x \partial y} \end{cases} \tag{1-20}$$

将通解和特解叠加，即得微分方程（1-16）的全解

$$\begin{cases} \sigma_x = \dfrac{\partial^2 \phi}{\partial y^2} - Xx \\ \sigma_y = \dfrac{\partial^2 \phi}{\partial x^2} - Yy \\ \tau_{xy} = \tau_{yx} = -\dfrac{\partial^2 \phi}{\partial x \partial y} \end{cases} \tag{1-21}$$

不论 ϕ 是什么样的函数，应力分量式（1-21）总能满足平

衡微分方程（1-16），函数 ϕ 称作平面问题的应力函数。

1.2.3.4 以应力函数表示的相容方程

应力分量式（1-21）除必须满足平衡微分方程外，还应满足变形协调条件。将式（1-21）代入相容方程（1-17）

$$\left(\frac{\partial^2}{\partial x^2}+\frac{\partial^2}{\partial y^2}\right)\left(\frac{\partial^2\phi}{\partial x^2}-Xx+\frac{\partial^2\phi}{\partial y^2}-Yy\right)=0$$

当体力分量 X、Y 为常量时，上式可变为

$$\left(\frac{\partial^2}{\partial x^2}+\frac{\partial^2}{\partial y^2}\right)\left(\frac{\partial^2\phi}{\partial x^2}+\frac{\partial^2\phi}{\partial y^2}\right)=0 \tag{1-22}$$

或展开为

$$\frac{\partial^4\phi}{\partial x^4}+2\frac{\partial^4\phi}{\partial x^2\partial y^2}+\frac{\partial^4\phi}{\partial y^4}=0 \tag{1-23}$$

也可简化为

$$\nabla^2\nabla^2\phi=0 \tag{1-24}$$

这就是用应力函数 ϕ 表示的相容方程。由此可见，应力函数当是重调和函数。

如果体力可以不计，则 $X=Y=0$。式（1-21）简化为：

$$\sigma_x=\frac{\partial^2\phi}{\partial y^2},\ \sigma_y=\frac{\partial^2\phi}{\partial x^2},\ \tau_{xy}=-\frac{\partial^2\phi}{\partial x\partial y} \tag{1-25}$$

1.2.3.5 求解平面问题时的解题步骤

在弹性理论中，按应力求解平面问题时，在平面应力的情况下，应力分量应当满足平衡微分方程式（1-16）和相容条件式（1-11）；在平面应变的情况下，应力分量应当满足平衡微分方程（1-16）和相容条件式（1-12）。除此以外，应力分量还应当满足边界条件。于是，求解平面问题时，如果体力是常量，就只需由式（1-23）求解应力函数 $\phi(x,y)$，然后由式（1-21）求出应力分量，并使这些应力分量满足边界条件。这就是弹性理论中按应力求解平面问题时的解题步骤。

但是，在实际解题时，应力函数 $\phi(x,y)$ 也可以不直接从偏

微分方程式（1-23）求解，而是设定各种简单形式的，满足相容条件的应力函数 $\phi(x,y)$，由式（1-21）求出应力分量，然后根据边界条件来考查这些应力分量在各种形状的弹性体上对应什么样的面力，从而得知该应力函数是否可以解决所拟定解决的问题。

在解决实际问题时，还可以根据弹性体的边界形状和受力情况，假设一部分或全部应力分量为某种形式的函数，从而求出应力函数 $\phi(x,y)$，然后来考查这个应力函数是否满足相容条件，以及原来假设的应力分量和由这个应力函数求出的其余应力分量是否满足边界条件。

1.2.4 轴对称问题

在平面问题中，如果它的几何形状、约束情况以及承受的外载荷都对称于 z 轴，则所有的应力分量、应变分量和位移分量也必然对称于 z 轴，也就是这些分量仅是径向坐标 r 的函数，而与 θ 无关，这类问题称做平面轴对称问题。在轴对称问题中，应力函数 ϕ 只是径向坐标 r 的函数，即：$\phi = \phi(r)$。

在描述轴对称问题中的应力及应变时，用圆柱坐标（r，θ，z）比用直角坐标（x，y，z）方便得多，这是因为如果以弹性体的对称轴为 z 轴，则所有的应力分量、形变分量和位移分量都将只是 r 和 z 的函数，不随 θ 而变。用相距 Δr 的两个圆柱面，互成 $\Delta\theta$ 角的两个铅直面和相距 Δz 的两个水平面，从弹性体割取一个微小六面体，如图 1-5 所示。

（1）应力：沿 r 方向的正应力，称为径向应力，用 σ_r 代表；沿 θ 方向的正应力，称为周向应力，用 σ_θ 代表；沿 z 方向的正应力，称为轴向应力，仍然用 σ_z 代表；在垂直于 z 轴的面上而沿 r 方向作用的剪应力用 τ_{zr} 代表；在圆柱面上而沿 z 方向作用的剪应力用 τ_{rz} 代表，根据剪应力互等定律 $\tau_{zr} = \tau_{rz}$。根据对称条件，其余的剪应力分量 $\tau_{r\theta} = \tau_{\theta r}$ 及 $\tau_{\theta z} = \tau_{z\theta}$ 都不存在。这样，总共只有四个应力分量 σ_r、σ_θ、σ_z、τ_{zr}。

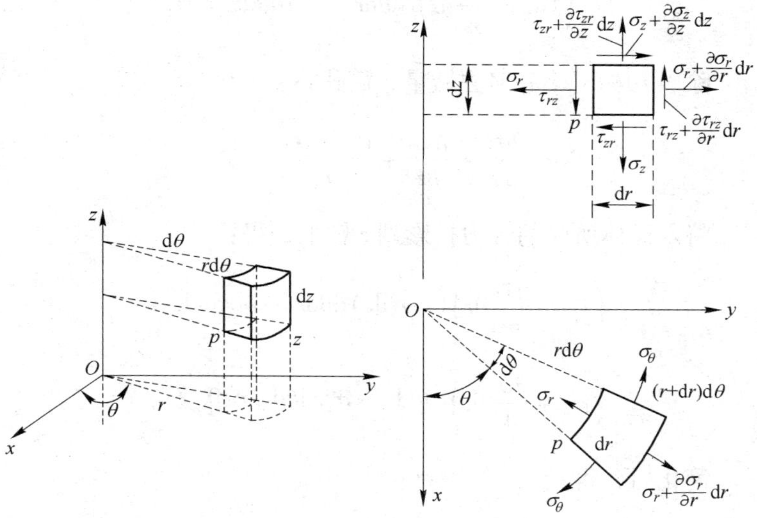

图 1-5　圆柱坐标表示的微体应力

（2）应变：相应于四个应力分量，应变分量也只有四个：沿 r 方向的正应变称为径向正应变，用 ε_z 代表；沿 θ 方向的正应变称为周向正应变，用 ε_θ 代表；沿 z 方向的正应变称为轴向正应变，用 ε_z 代表；沿 r 及 z 两向的剪应变用 γ_{zr} 代表。

（3）位移：弹性体内任一点的位移，可以分解为两个分量：沿 r 方向的位移分量，称为径向位移，用 u 代表；沿 z 方向的位移分量称为轴向位移，用 w 代表。由于对称，不会有 θ 方向的位移，即没有周向位移 v。

1.2.4.1　平衡方程

在图 1-5 中，假设体力可以不计，将六面体所受的各力分别投影到六面体中心的径向轴上和 z 轴上，取 $\sin\frac{d\theta}{2}\approx\frac{d\theta}{2}$，$\cos\frac{d\theta}{2}\approx 1$，得：

$$\left(\sigma_r+\frac{\partial\sigma_r}{\sigma_r}dr\right)(r+dr)d\theta dz-\sigma_r rd\theta dz-2\sigma_\theta drdz\frac{d\theta}{2}+$$

$$\left(\tau_{xy}+\frac{\partial \tau_{zr}}{\partial z}\mathrm{d}z\right)r\mathrm{d}\theta\mathrm{d}r-\tau_{zr}r\mathrm{d}\theta\mathrm{d}r=0$$

除以 $r\mathrm{d}\theta\mathrm{d}r\mathrm{d}z$，并略去微量，简化得：

$$\frac{\partial \sigma_r}{\sigma_r}+\frac{\partial \tau_{zr}}{\partial z}+\frac{\sigma_r-\sigma_\theta}{r}=0$$

将六面体所受的各力投影到 z 轴上，得：

$$\left(\tau_{zr}+\frac{\partial \tau_{zr}}{\partial r}\mathrm{d}r\right)(r+\mathrm{d}r)\mathrm{d}\theta\mathrm{d}z-\tau_{zr}r\mathrm{d}\theta\mathrm{d}z+$$

$$\left(\sigma_z+\frac{\partial \sigma_z}{\partial z}\mathrm{d}z\right)r\mathrm{d}\theta\mathrm{d}r-\sigma_z r\mathrm{d}\theta\mathrm{d}r=0$$

简化后，得：

$$\frac{\partial \sigma_z}{\partial z}+\frac{\partial \tau_{zr}}{\partial r}+\frac{\sigma_r-\sigma_\theta}{r}=0$$

故得轴对称问题的平衡微分方程式如下：

$$\begin{cases}\dfrac{\partial \sigma_r}{\partial r}+\dfrac{\partial \tau_{zr}}{\partial z}+\dfrac{\sigma_r-\sigma_\theta}{r}=0\\[2ex]\dfrac{\partial \sigma_z}{\partial z}+\dfrac{\partial \tau_{zr}}{\partial r}+\dfrac{\tau_{zr}}{r}=0\end{cases}\tag{1-26}$$

1.2.4.2 几何方程

把式（1-2）变换过来得轴对称问题的几何方程式如下：

$$\begin{cases}\varepsilon_r=\dfrac{\partial u}{\partial r},\ \varepsilon_\theta=\dfrac{u}{r}\\[2ex]\varepsilon_z=\dfrac{\partial w}{\partial z},\ \gamma_{zr}=\dfrac{\partial u}{\partial z}+\dfrac{\partial w}{\partial r}\end{cases}\tag{1-27}$$

1.2.4.3 物理方程

轴对称问题的物理方程式如下：

$$
\begin{cases}
\varepsilon_r = \dfrac{1}{E}[\sigma_r - \mu(\sigma_\theta + \sigma_z)] \\
\varepsilon_\theta = \dfrac{1}{E}[\sigma_\theta - \mu(\sigma_z + \sigma_r)] \\
\varepsilon_z = \dfrac{1}{E}[\sigma_z - \mu(\sigma_r + \sigma_\theta)] \\
\gamma_{zr} = \dfrac{1}{G}\tau_{zr}
\end{cases}
\tag{1-28}
$$

或

$$
\begin{cases}
\sigma_r = 2G\left(\varepsilon_r + \dfrac{\mu}{1-2\mu}e\right) \\
\sigma_\theta = 2G\left(\varepsilon_\theta + \dfrac{\mu}{1-2\mu}e\right) \\
\sigma_z = 2G\left(\varepsilon_z + \dfrac{\mu}{1-2\mu}e\right) \\
\tau_{zr} = G\gamma_{zr}
\end{cases}
\tag{1-29}
$$

式中　$e = \varepsilon_r + \varepsilon_\theta + \varepsilon_z$

1.2.4.4　求解轴对称平面问题的步骤

A　坐标转换

在解轴对称平面问题时，需将直角坐标（x，y，z）换算成圆柱坐标（r，θ，z）。显然当$\theta=0$时，σ_r，σ_θ，$\tau_{r\theta}=\tau_{\theta r}$分别等于$\sigma_x$，$\sigma_y$，$\tau_{yx}=\tau_{xy}$。在不计体力的情况下，只要求出$\dfrac{\partial^2\phi}{\partial x^2}$，$\dfrac{\partial^2\phi}{\partial y^2}$，$\dfrac{\partial^2\phi}{\partial x\partial y}$换算为圆柱坐标的表达式，用应力函数所表示的应力分量方程式就可求出。

现将$\dfrac{\partial^2\phi}{\partial x^2}$，$\dfrac{\partial^2\phi}{\partial y^2}$，$\dfrac{\partial^2\phi}{\partial x\partial y}$换算成圆柱坐标：

因为　$r^2 = x^2 + y^2$，$\theta = \mathrm{tg}^{-1}\dfrac{y}{x}$

故
$$\frac{\partial r}{\partial x}=\frac{x}{r}=\cos\theta,\ \frac{\partial r}{\partial y}=\frac{y}{r}=\sin\theta$$

$$\frac{\partial\theta}{\partial x}=\frac{1}{1+y^2/x^2}\left(-\frac{y}{x^2}\right)=-\frac{y}{x^2+y^2}=-\frac{y}{r^2}=-\frac{\sin\theta}{r}$$

$$\frac{\partial\theta}{\partial y}=\frac{1}{1+y^2/x^2}\left(\frac{1}{x}\right)=\frac{x}{x^2+y^2}=\frac{x}{r^2}=\frac{\cos\theta}{r}$$

$$\frac{\partial\phi}{\partial x}=\frac{\partial\phi}{\partial r}\frac{\partial r}{\partial x}+\frac{\partial\phi}{\partial\theta}\frac{\partial\theta}{\partial x}=\cos\theta\frac{\partial\phi}{\partial r}-\frac{\sin\theta}{r}\frac{\partial\phi}{\partial\theta}$$

$$\frac{\partial\phi}{\partial r}=\frac{\partial\phi}{\partial r}\frac{\partial r}{\partial y}+\frac{\partial\phi}{\partial\theta}\frac{\partial\theta}{\partial y}=\sin\theta\frac{\partial\phi}{\partial r}+\frac{\cos\theta}{r}\frac{\partial\phi}{\partial\theta}$$

所以

$$\frac{\partial^2\phi}{\partial x^2}=\cos^2\theta\frac{\partial^2\phi}{\partial r^2}+\frac{\sin^2\theta}{r}\frac{\partial\phi}{\partial r}-\frac{2\sin\theta\cos\theta}{r}\frac{\partial^2\phi}{\partial r\partial\theta}+\frac{2\sin\theta\cos\theta}{r^2}\frac{\partial\phi}{\partial\theta}+\frac{\sin^2\theta}{r^2}\frac{\partial^2\phi}{\partial\theta^2}\tag{a}$$

$$\frac{\partial^2\phi}{\partial y^2}=\sin^2\theta\frac{\partial^2\phi}{\partial r^2}+\frac{\cos^2\theta}{r}\frac{\partial\phi}{\partial r}-\frac{2\sin\theta\cos\theta}{r}\frac{\partial^2\phi}{\partial r\partial\theta}-\frac{2\sin\theta\cos\theta}{r^2}\frac{\partial\phi}{\partial\theta}+\frac{\cos^2\theta}{r^2}\frac{\partial^2\phi}{\partial\theta^2}\tag{b}$$

$$\frac{\partial^2\phi}{\partial x\partial y}=\sin\theta\cos\theta\frac{\partial^2\phi}{\partial r^2}+\frac{\cos^2\theta-\sin^2\theta}{r}\frac{\partial^2\phi}{\partial r\partial\theta}-\frac{\sin\theta\cos\theta}{r}\frac{\partial\phi}{\partial r}-\frac{\cos^2\theta-\sin^2\theta}{r^2}\frac{\partial\phi}{\partial\theta}-\frac{\sin\theta\cos\theta}{r^2}\frac{\partial^2\phi}{\partial\theta^2}\tag{c}$$

$$\frac{\partial^2\phi}{\partial x^2}+\frac{\partial^2\phi}{\partial y^2}=\frac{\partial^2\phi}{\partial r^2}+\frac{1}{r}\frac{\partial\phi}{\partial r}+\frac{1}{r^2}\frac{\partial^2\phi}{\partial\theta^2}\tag{d}$$

B　方程转换

由于 $\tau_{zr}=0$，故平衡微分方程式（1-26）变为：

$$
\begin{cases}
\dfrac{\partial \sigma_r}{\partial r} + \dfrac{\sigma_r - \sigma_\theta}{r} = 0 \\[2ex]
\dfrac{\partial \sigma_z}{\partial z} = 0
\end{cases}
\tag{1-30}
$$

用应力函数表示应力分量的方程式（1-21）：

$$
\begin{cases}
\sigma_x = \dfrac{\partial^2 \phi}{\partial y^2} - Xx \\[2ex]
\sigma_y = \dfrac{\partial^2 \phi}{\partial x^2} - Yy \\[2ex]
\tau_{xy} = \tau_{yx} = -\dfrac{\partial^2 \phi}{\partial x \partial y}
\end{cases}
$$

利用这些换算关系，令 $\theta = 0$，代入式（1-21），得：

$$
\begin{cases}
\sigma_r = (\sigma_x)_{\theta=0} = \left(\dfrac{\partial^2 \phi}{\partial y^2}\right)_{\theta=0} = \dfrac{1}{r}\dfrac{\partial \phi}{\partial r} + \dfrac{1}{r^2}\dfrac{\partial^2 \phi}{\partial \theta^2} \\[2ex]
\sigma_\phi = (\sigma_y)_{\theta=0} = \left(\dfrac{\partial^2 \phi}{\partial x^2}\right)_{\theta=0} = \dfrac{\partial^2 \phi}{\partial r^2} \\[2ex]
\tau_{r\theta} = (\tau_{xy})_{\theta=0} = \left(-\dfrac{\partial^2 \phi}{\partial x \partial y}\right)_{\theta=0} = -\dfrac{1}{r}\dfrac{\partial^2 \phi}{\partial r \partial \theta} + \dfrac{1}{r^2}\dfrac{\partial \phi}{\partial \theta}
\end{cases}
\tag{e}
$$

对于轴对称问题，由于 $\phi = \phi(r)$，故得出用应力函数表示的应力分量表达式为：

$$
\begin{cases}
\sigma_r = \dfrac{1}{r}\dfrac{\mathrm{d}\phi}{\mathrm{d}r} \\[2ex]
\sigma_\theta = \dfrac{\mathrm{d}^2 \phi}{\mathrm{d}r^2}
\end{cases}
\tag{1-31}
$$

而式（d）可写成：

$$
\frac{\partial^2 \phi}{\partial x^2} + \frac{\partial^2 \phi}{\partial y^2} = \frac{\mathrm{d}^2 \phi}{\mathrm{d}r^2} + \frac{1}{r}\frac{\mathrm{d}\phi}{\mathrm{d}r}
$$

将此式代入式（1-23），就可求出应力函数所应满足的相容条件。

$$\left(\frac{\mathrm{d}^2}{\mathrm{d}r^2}+\frac{1}{r}\frac{\mathrm{d}}{\mathrm{d}r}\right)\left(\frac{\mathrm{d}^2\phi}{\mathrm{d}r^2}+\frac{1}{r}\frac{\mathrm{d}\phi}{\mathrm{d}r}\right)=0$$

展开后得：

$$\frac{\mathrm{d}^4\phi}{\mathrm{d}r^4}+\frac{2}{r}\frac{\mathrm{d}^3\phi}{\mathrm{d}r^3}-\frac{1}{r^2}\frac{\mathrm{d}^2\phi}{\mathrm{d}r^2}+\frac{1}{r^3}\frac{\mathrm{d}\phi}{\mathrm{d}r}=0 \tag{1-32}$$

这就是轴对称平面问题的相容条件。求解这一微分方程式，就得出应力函数的表达式。

C　求应力函数

为了把式（1-32）变换为常系数线性微分方程式，引用变换式 $r=\mathrm{e}^t$。其中 e 为自然对数底。于是得：

$$\frac{\mathrm{d}^4\phi}{\mathrm{d}t^4}-4\frac{\mathrm{d}^3\phi}{\mathrm{d}t^3}+4\frac{\mathrm{d}^2\phi}{\mathrm{d}t^2}=0$$

它的通解是：

$$\phi=At+Bt\mathrm{e}^{2t}+C\mathrm{e}^{2t}+D$$

上式中 A、B、C、D 是待定系数。因为 $t=\ln r$，所以该式变为：

$$\phi=A\ln r+Br^2\ln r+Cr^2+D$$

代入式（1-31），求得轴对称平面问题的应力分量：

$$\begin{cases}\sigma_r=\dfrac{A}{r^2}+B(1+2\ln r)+2C\\[2ex]\sigma_\theta=-\dfrac{A}{r^2}+B(3+2\ln r)+2C\end{cases} \tag{1-33}$$

在平面应力的情况，将应力分量的表达式（1-33）代入物理方程式（1-28）中，得应变分量的表达式为：

$$
\begin{cases}
\varepsilon_r = \dfrac{1}{E}(\sigma_r - \mu\sigma_\theta) \\
\quad = \dfrac{1}{E}\left[(1+\mu)\dfrac{A}{r^2} + (1-3\mu)B + 2B(1-\mu)\ln r + 2(1-\mu)C \right] \\
\varepsilon_\theta = \dfrac{1}{E}(\sigma_\theta - \mu\sigma_r) \\
\quad = \dfrac{1}{E}\left[-(1+\mu)\dfrac{A}{r^2} + (3-\mu)B + 2B(1-\mu)\ln r + 2(1-\mu)C \right]
\end{cases}
\tag{1-34}
$$

将应变分量的表达式（1-34）代入几何方程式（1-27）中，就可求得位移分量的表达式。但是，从 $\varepsilon_r = \dfrac{\mathrm{d}u}{\mathrm{d}r}$ 的关系得：

$$
u = \frac{1}{E}\left[-(1+\mu)\frac{A}{r} + (1-3\mu)Br + 2B(1-\mu)r(\ln r - 1) + 2(1-\mu)Cr \right] + F \tag{1-35a}
$$

式中，F 表示积分常数。

而从 $\varepsilon_\theta = \dfrac{u}{r}$ 的关系得：

$$
u = \frac{1}{E}\left[-(1+\mu)\frac{A}{r} + (3-\mu)Br + 2B(1-\mu)\ln r + 2(1-\mu)Cr \right] \tag{1-35b}
$$

为了使两个位移分量 u 的表达式一致，在式（1-35a）和式（1-35b）中必须使 $B=0$，$F=0$，所以，位移分量的表达式为：

$$
u = \frac{1}{E}\left[-(1+\mu)\frac{A}{r} - 2(1-\mu)Cr \right] \tag{1-36}
$$

由此可得在轴对称平面应力情况下的应力分量，应变分量和位移分量表达式为：

$$\begin{cases}\sigma_r = \dfrac{A}{r^2} + 2C \\ \sigma_\theta = -\dfrac{A}{r^2} + 2C\end{cases} \tag{1-37}$$

$$\begin{cases}\varepsilon_r = \dfrac{1}{E}\left[(1+\mu)\dfrac{A}{r^2} + 2(1-\mu)C\right] \\ \varepsilon_\theta = \dfrac{1}{E}\left[-(1+\mu)\dfrac{A}{r^2} + 2(1-\mu)C\right]\end{cases} \tag{1-38}$$

$$\begin{cases}u = \dfrac{1}{E}\left[-(1+\mu)\dfrac{A}{r} + 2(1-\mu)Cx\right] \\ v = 0\end{cases} \tag{1-39}$$

对于轴对称平面应变问题，只要将应变分量和位移分量的表达式（1-38）和表达式（1-39）中的 E 换为$\dfrac{E}{1-\mu^2}$，μ 换为$\dfrac{\mu}{1-\mu}$就可得到。方程中的积分常数 A、C 由边界条件确定。

例： 厚壁圆筒受匀布压力，如图 1-6 所示。设厚壁圆筒内半径为 R_i、外半径为 R_o，沿壁厚任意处的半径为 r。圆筒内壁面承受的匀布压力为 p_i，外壁面承受的匀布压力为 p_o。求厚壁圆筒各向应力。

解： 显然，应力分布是对称于筒轴的。现在研究两种特殊

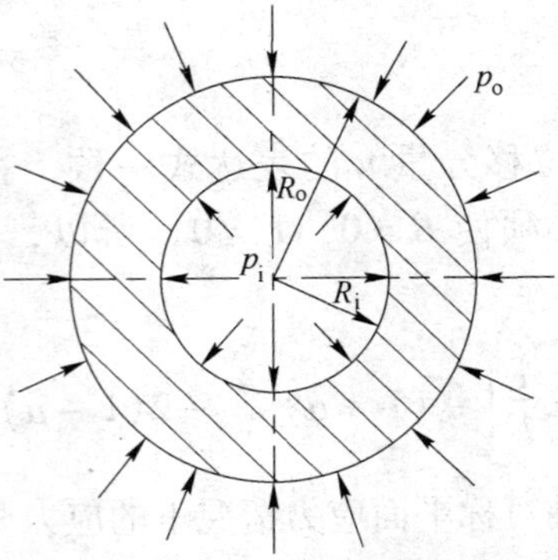

图 1-6　厚壁圆筒横截面

情况：

（1）具有自由端的厚壁圆筒。

在这种情况下，$\sigma_z = 0$。其边界条件为：

在 $r = R_i$ 处，$\sigma_r = -p_i$；

在 $r = R_o$ 处，$\sigma_r = -p_o$。

利用这些条件，从方程式（1-37）得到：

$$(\sigma_r)_r = R_i = -p_i = \frac{A}{R_i^2} + 2C$$

$$(\sigma_r)_{r=R_o} = -p_o = \frac{A}{R_o^2} + 2C$$

求解这两个方程式，得：

$$A = \frac{R_i^2 R_o^2 (p_o - p_i)}{R_o^2 - R_i^2}$$

$$C = \frac{1}{2} \frac{R_i^2 R_o^2 (p_o - p_i)}{R_o^2 - R_i^2}$$

将 A、C 值代入式（1-37），得到：

$$\begin{cases} \sigma_r = \dfrac{R_i^2 p_i - R_o^2 p_o}{R_o^2 - R_i^2} + \dfrac{R_i^2 R_o^2 - (p_o - p_i)}{r^2 (R_o^2 - R_i^2)} \\ \sigma_\theta = \dfrac{R_i^2 p_i - R_o^2 p_o}{R_o^2 - R_i^2} - \dfrac{RR(p - p)}{r^2 (R_o^2 - R_i^2)} \end{cases}$$

（2）具有封闭端得厚壁圆筒（厚壁容器）。

在这种情况下，$\sigma_z \neq 0$。因在圆筒封闭端有作用力：

$$p_z = \pi R_i^2 p_i - \pi R_o^2 p_o$$

在离圆筒端部边缘足够远处的断面中，轴向应力 σ_z 可以当作是不变值，它等于：

$$\sigma_z = \frac{\pi R_i^2 p_i - \pi R_o^2 p_o}{\pi (R_o^2 - R_i^2)} = \frac{R_i^2 p_i - R_o^2 p_o}{R_o^2 - R_i^2}$$

其边界条件与具有自由端厚壁圆筒的情况相同，所以待定系

数 A 和 C 的表达式也与上面推导的结果一致。故应力分量的表达式为：

$$\begin{cases} \sigma_r = \dfrac{R_i^2 p_i - R_o^2 p_o}{R_o^2 - R_i^2} + \dfrac{R_i^2 R_o^2 - (p_o - p_i)}{r^2 (R_o^2 - R_i^2)} \\ \sigma_\theta = \dfrac{R_i^2 p_i - R_o^2 p_o}{R_o^2 - R_i^2} - \dfrac{RR(p - p)}{r^2 (R_o^2 - R_i^2)} \\ \sigma_z = \dfrac{\pi R_i^2 p_i - \pi R_o^2 p_o}{\pi (R_o^2 - R_i^2)} = \dfrac{R_i^2 p_i - R_o^2 p_o}{R_o^2 - R_i^2} \end{cases}$$

2 薄壳理论

2.1 基本概念

2.1.1 基本术语

2.1.1.1 轴对称问题

轴对称就是指壳体的几何形状、约束条件和所受的外力都是对称于旋转轴。

2.1.1.2 旋转薄壳的几何特性

（1）中面，旋转壳体的中面是指与壳体内、外表面等距离的曲面。图中表示的一般都是指中面。

（2）经线，过旋转轴的平面与中面的交线。如图2-1a中 *APC* 。

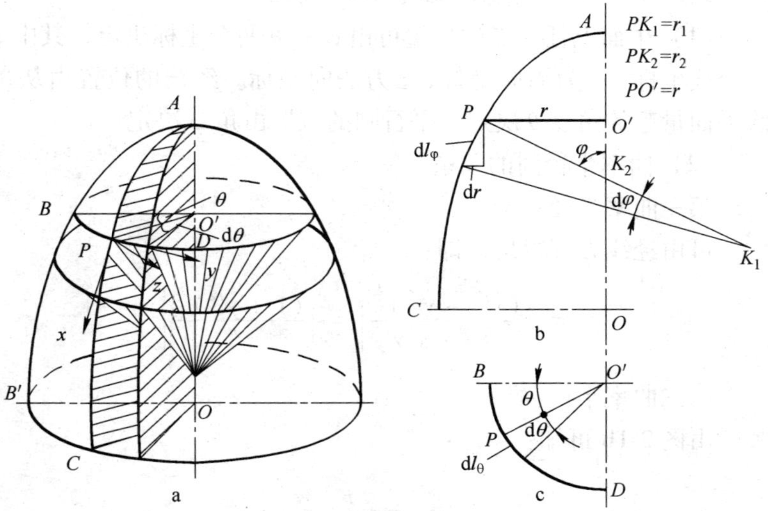

图 2-1　一般旋转壳体

（3）经线截面，经线与回转轴所构成的平面。如图 2-1a 中 $APCO$。

（4）法线，经过经线上的任意点 B 且垂直于中面的直线称为中面在该点的法线。如图 2-1b 中 PK_2。

（5）纬线，以法线作母线绕回转轴回转一周所形成的圆锥法截面与中面的交线。

（6）纬线截面，圆锥形法截面（亦称旋转法截面）。沿同一个平行圆的各点非法线的延长线，即形成一与壳体中面正交的圆锥面，圆锥的顶点必在旋转轴上，此圆锥面与壳体的截面称为旋转法截面。

（7）平行圆，垂直于回转轴的平面与中面的交线。平行半径如图 2-1b 中 r。

（8）第一曲率半径，经线的曲率半径，如图 2-1b 中 K_1P。

（9）第二曲率半径，纬线曲率半径，也可以定义为过中面上一点作一平面与该点经线正交所得的交线在该点的曲率半径。如图 2-1b 中 K_2P。圆锥线的母线长度为第二曲率半径。

2.1.1.3　*旋转薄壳的几何特征的表示*

（1）中面上任一点的位置可由 φ 和 θ 两个坐标决定，其中 φ 为经线坐标，θ 为周向坐标，z 为法向坐标。经线的位置由从母线平面量起的角度 θ 决定，平行圆的位置由角 φ 决定。

（2）曲率半径间的关系。

第一曲率半径：

可由经线方程得出，即：

$$r_1 = \left|\frac{(x'^2 + y'^2)^{\frac{3}{2}}}{x'y'' - x''y'}\right| = \left|\frac{(1 + y'^2)^{\frac{3}{2}}}{y''}\right|$$

第二曲率半径：

由图 2-1b 可知：

$$r_2 = \frac{r}{\sin\varphi}$$

2.1.1.4　几种常用壳体的几何特征

（1）圆柱壳。

设中面半径为 R，由于经线为直线，故 $r_1=\infty$，而由于垂直于经线的平面与平行圆重合，故 $r_2=r=R$。

（2）球壳。

在球壳中面上任一点的所有法向截面的曲率半径均相等，即等于球体的半径 R，故 $r_1=r_2=R$。

（3）椭球壳。

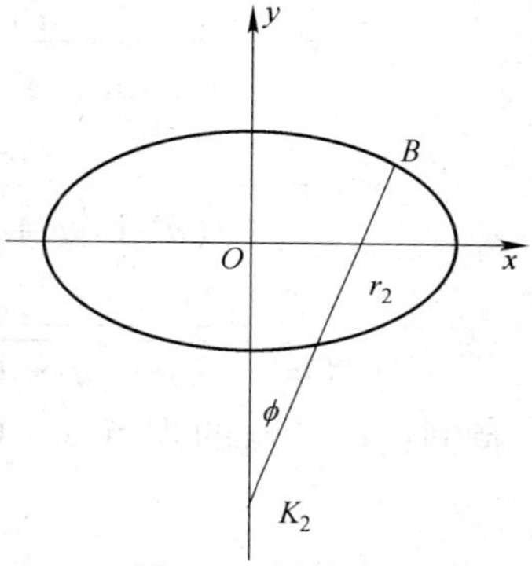

图 2-2　椭球壳

如图 2-2 所示，椭圆长半轴为 a，短半轴为 b。在椭圆上任取一点（x，y），其经线方程为：

$$\frac{x^2}{a^2}+\frac{y^2}{b^2}=1$$

从微分学可知其曲率半径为：

$$r_1=\left|\frac{\left[1+\left(\frac{\mathrm{d}y}{\mathrm{d}x}\right)^2\right]^{\frac{3}{2}}}{\frac{\mathrm{d}^2y}{\mathrm{d}x^2}}\right|$$

$$\frac{\mathrm{d}y}{\mathrm{d}x}=-\frac{b^2x}{a^2y}$$

$$\frac{\mathrm{d}^2y}{\mathrm{d}x^2}=-\frac{b^2(b^2x^2+a^2y^2)}{a^4y^3}=-\frac{b^4}{a^2y^3}$$

得：

$$r_1=\frac{1}{a^4b^4}(a^4y^2+b^4x^2)^{\frac{3}{2}}=\frac{[a^4-x^2(a^2-b^2)]^{\frac{3}{2}}}{a^4b} \qquad (2\text{-}1a)$$

$$r_2=\frac{1}{b^2}(a^4y^2+b^4x^2)^{\frac{1}{2}}=\frac{[a^4-x^2(a^2-b^2)]^{\frac{1}{2}}}{b} \qquad (2\text{-}1b)$$

令 $m=\frac{a}{b}$，且图中可知 $x=r_2\sin\varphi$，将其代入上两式，可得以 φ 坐标表示的关系式

$$r_1 = \frac{a^2b^2}{(a^2\sin^2\varphi + b^2\cos^2\varphi)^{\frac{3}{2}}} = ma\psi^3 \tag{2-2a}$$

$$r_2 = \frac{a^2}{(a^2\sin^2\varphi + b^2\cos^2\varphi)^{\frac{1}{2}}} = ma\psi \tag{2-2b}$$

式中，$\psi = \frac{1}{\sqrt{(m^2-1)\sin^2\varphi + 1}}$。

特例：在椭球的顶点 $\varphi=0$ 时，则 $\psi=1$，故得 $r_1 = r_2 = ma = \frac{a^2}{b^2}$。

在椭球赤道上 $\varphi=\frac{\pi}{2}$，$\psi=\frac{1}{m}$，故得 $r_1=\frac{a}{m^2}=\frac{b^2}{a}$，$r_2=a$。

2.1.2 旋转薄壳变形的基本假设

假定壳体是完全弹性体，作为弹性壳体应符合弹性理论的一些基本假设，即材料的连续性、均匀性和各向同性。对于薄壳（$D_o/D_i \leqslant 1.2$），通常采用以下假设使问题进一步简化，使空间壳体的三向应力问题变为两向应力问题，且所得结果已足够精确。

（1）小位移假设。壳体受力后，各点的位移都远小于壁厚，在这种情况下变形时薄壳厚度没有伸缩，即法向应变 $\varepsilon_z=0$，亦即认为截面上各点的法向位移可近似地看成与中面上对应点的法向位移 w 相等，在考虑变形后的平衡状态时可用变形前的尺寸来代替变形后的尺寸，而在变形分析中的高阶微量也可以忽略不计，使微分方程式呈线性。

（2）直法线假设。壳体在形变前垂直于中面的直线段在形变后仍保持为直线，并垂直于变形后的中面。在这种假设下，沿厚度各点的法向位移均相同，变形前后的法向线段长度不变

（厚度不变）。亦即认为剪应力 $\tau_{\varphi z}$ 引起的变形可忽略不计。由此可得出对壳体的力学分析只是坐标 φ、θ 的函数，而对于轴对称问题，由于力和变形均与 θ 无关，故只是 φ 的函数。

（3）互不挤压假设。壳体各层纤维在变形前后均互不挤压。在这种假设情况下认为与周向应力和经向应力相比法向应力 σ_z 可忽略不计（$\sigma_z=0$）。因此使问题简化成平面应力问题，这一假设只适用于薄壳。

2.2 回转薄壳的应力分析

2.2.1 平衡方程

2.2.1.1 力的分析

A 外力分析

作用于壳体上的力主要是体力和表面力。对于薄壳而言，其外力主要是指沿壳体表面连续分布的表面力，即单位面积上的力，如气体压力、流体压力等，而体力可化为分布外力来处理，如重力、惯性力等。如图 2-3 所示，取一微元体，若在壳体的中面上取流动坐标 x、y、z。其中 x 取经线的切向，y 取纬线的切向，z 取外法线的反方向，则分布表面力的分量为 p_φ（沿 x 方向）、p_θ（沿 y 方向）、p_z（沿 z 方向）。由于是薄壳，故而忽略壳体的自重。在图 2-3 中，p_φ 沿 x 方向为正，p_θ 沿 y 方向为正，为方便记 p_z 的方向通常取 z 的反方向为正。对于轴对称载荷，外

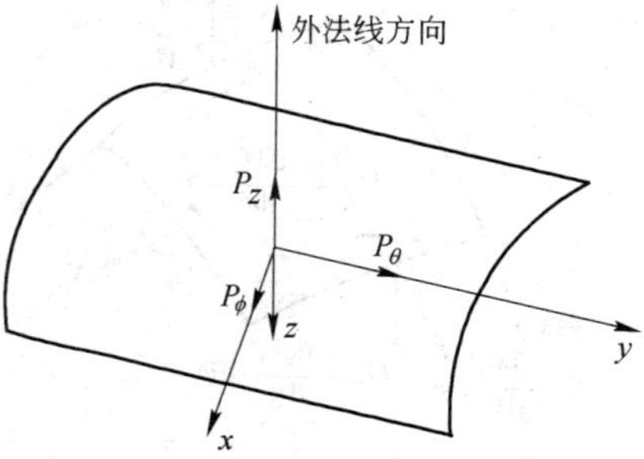

图 2-3 外力分析

力不随坐标 θ 变化，故 $p_\theta=0$。

B 内力分析

由外力引起的壳壁截面的抗力统称为内力素，其包括内力与内力矩，单位为 N/m、N · m/m，如图 2-4 所示。

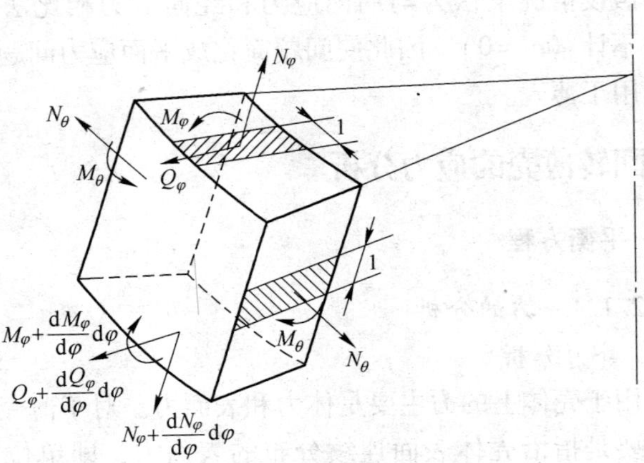

图 2-4 内力素

取一微元，如图 2-5 所示，在轴对称外力（p_φ，p_z）作用下，由于变形的轴对称性，除纬线截面上有横剪力外，其余各截面上不可能产生剪力和扭矩。其作用在单位长度经线、纬线上的内力素为：

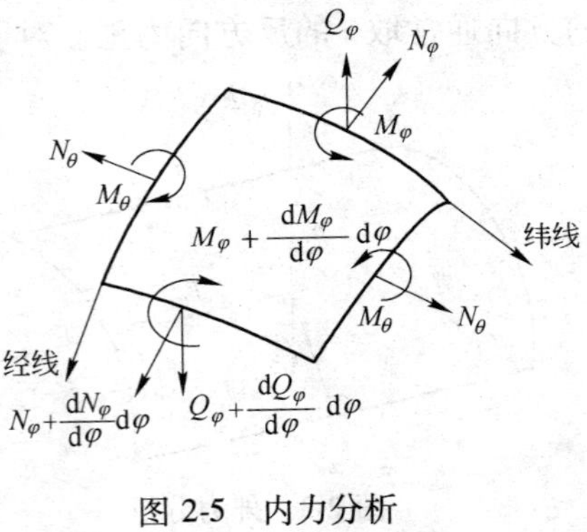

图 2-5 内力分析

N_φ——垂直于纬向截面的经向力，拉为正，压为负；

N_θ——垂直于经向截面的周向力，拉为正，压为负；

Q_φ——在纬向截面上的横剪力，正面上 Q_φ 与坐标 z 同向为正（截面外法线与坐标 φ 同向称正面，反之为负面），负面上 Q_φ 与坐标 z 反向为正，反之则 Q_φ 为负；

M_φ——在纬向截面上的经向弯矩，使壳体向外侧弯曲的为正，反之为负；

M_θ——在经向截面上的周向弯矩，正负号规定与 M_φ 相同。

C　应力分析

应力是单位面积上所受的力。内力是应力的合成，应力是内力的分量，应力沿壁厚积分与内力素是等效的。经向正应力、周向正应力、法向正应力、法向剪应力分别为 σ_φ、σ_θ、σ_z、$\tau_{\varphi z}$。正应力如 σ_x 的下标 x 是指垂直于 x 轴的面上、沿 x 轴方向；剪应力如 $\tau_{\varphi z}$ 的下标 φz 是指垂直于 φ 轴的面上、沿 z 轴方向。

在轴对称外载作用下，根据互不挤压假设，壳体中的法向应力 $\sigma_z=0$。由于轴对称，在经线截面上不存在剪应力，在各截面上也无扭剪力。因此，在经线截面上只存在周向正应力 σ_θ，在旋转法截面上则有经向正应力 σ_φ 和法向剪应力 $\tau_{\varphi z}$。

同时在薄壳受力变形时，其曲率也会发生变化，故在经线截面和旋转法截面上必分别存在周向弯矩 M_θ 和经向弯矩 M_φ。这是由于 σ_θ 和 σ_φ 沿壳壁厚度上非均匀分布，根据直法线假设，可以认为 σ_θ 和 σ_φ 沿壁厚成线性分布，$\tau_{\varphi z}$ 为抛物线分布。

D　应力与内力弯矩关系

如图 2-6 所示，由于壳体的曲率存在，微元体的四个截面与梯形相似，其中面线元

$$\mathrm{d}l_\varphi = r_1\mathrm{d}\varphi,\ \mathrm{d}l_\theta = r\mathrm{d}\theta = r_2\sin\varphi\mathrm{d}\theta$$

离中面距离为 z 的线元为

$$\mathrm{d}\bar{l}_\varphi = (r_1 - z)\mathrm{d}\varphi = \frac{r_1 - z}{r_1}\mathrm{d}l_\varphi$$

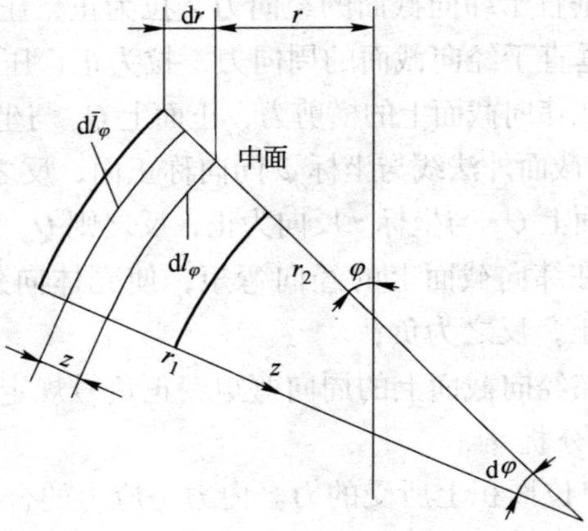

图 2-6　中面与 Z 面关系

$$d\bar{l}_\theta = (r_2 - z)\sin\varphi d\theta = \frac{r_2 - z}{r_2}dl_\theta$$

上划线“-”表示距中面距离为 z 处的物理量，例如：dl_φ、σ_φ 为中面的线元长和经向应力，$d\bar{l}_\varphi$、$\bar{\sigma}_\varphi$ 为距中面距离为 z 处的线元长和经向应力，其他按此标记。

如图 2-7 所示，把内力素表示为截面上应力的积分，内力素则等于在 $z = -s/2 \sim s/2$ 区间内应力之总和。

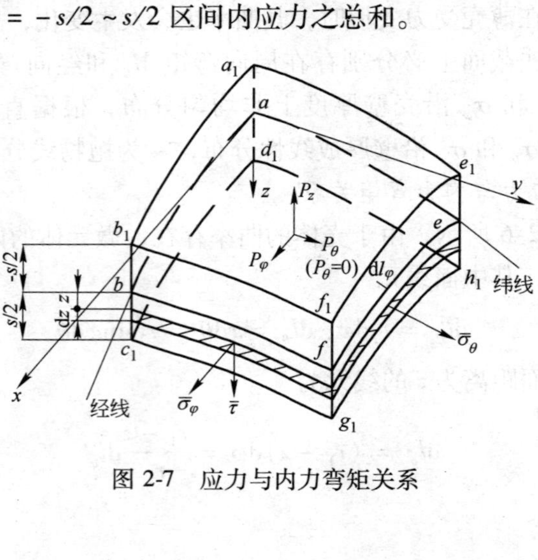

图 2-7　应力与内力弯矩关系

$$N_\varphi \mathrm{d}l_\theta = \int_{-\frac{s}{2}}^{\frac{s}{2}} \bar{\sigma}_\varphi \mathrm{d}\bar{l}_\theta \mathrm{d}z = \int_{-\frac{s}{2}}^{\frac{s}{2}} \bar{\sigma}_\varphi \left(\frac{r_2 - z}{r_2}\right) \mathrm{d}z\mathrm{d}l_\theta$$

$$M_\varphi \mathrm{d}l_\theta = \int_{-\frac{s}{2}}^{\frac{s}{2}} \bar{\sigma}_\varphi \mathrm{d}\bar{l}_\theta z\mathrm{d}z = \int_{-\frac{s}{2}}^{\frac{s}{2}} \bar{\sigma}_\varphi \left(\frac{r_2 - z}{r_2}\right) z\mathrm{d}z\mathrm{d}l_\theta$$

$$N_\varphi = \int_{-\frac{s}{2}}^{\frac{s}{2}} \bar{\sigma}_\varphi \left(\frac{r_2 - z}{r_2}\right) \mathrm{d}z$$

由于 $r_2 \gg z$，所以

$$N_\varphi = \int_{-\frac{s}{2}}^{\frac{s}{2}} \bar{\sigma}_\varphi \mathrm{d}z \tag{2-3a}$$

同理

$$N_\theta = \int_{-\frac{s}{2}}^{\frac{s}{2}} \bar{\sigma}_\theta \mathrm{d}z \tag{2-3b}$$

$$Q_\varphi = \int_{-\frac{s}{2}}^{\frac{s}{2}} \bar{\tau} \mathrm{d}z \tag{2-3c}$$

$$M_\varphi = \int_{-\frac{s}{2}}^{\frac{s}{2}} \bar{\sigma}_\varphi z\mathrm{d}z \tag{2-3d}$$

$$M_\theta = \int_{-\frac{s}{2}}^{\frac{s}{2}} \bar{\sigma}_\theta z\mathrm{d}z \tag{2-3e}$$

对于均质材料的薄壳，应力的分布通常接近于线性，因此可用矩形截面梁的简单关系求出应力。

经向应力：

$$\bar{\sigma}_\varphi = \frac{N_\varphi}{S} \pm \frac{12M_\varphi}{S^3} z \tag{2-4a}$$

周向应力：

$$\bar{\sigma}_\theta = \frac{N_\theta}{S} \pm \frac{12M_\theta}{S^3} z \tag{2-4b}$$

法向剪应力：

$$\bar{\tau} = \frac{3Q_\varphi}{2S}\left(1 - \frac{4z^2}{S^2}\right) \tag{2-4c}$$

2.2.1.2 平衡方程

在轴对称外力（P_φ，P_z）作用下，壳体中的内力素只是坐标 φ 的函数。图 2-8 表明存在于壳体微元上的内力素，取中面微元（$r\mathrm{d}\theta \times r_1\mathrm{d}\varphi$）代表壳体微元。略去高阶小量，同时在平衡方程中不考虑由于载荷引起的壳体形状的变化。

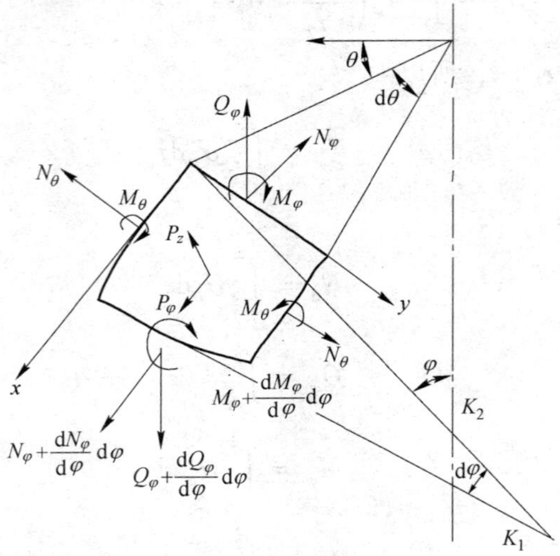

图 2-8　壳体微元的受力

A　沿 x 方向的力平衡

如图 2-9 所示。

（1）经向力在 x 方向的分量。

$$\left(N_\varphi + \frac{\mathrm{d}N_\varphi}{\mathrm{d}\varphi}\mathrm{d}\varphi\right)\left(r + \frac{\mathrm{d}r}{\mathrm{d}\varphi}\mathrm{d}\varphi\right)\mathrm{d}\theta\cos\mathrm{d}\varphi - N_\varphi \cdot r\mathrm{d}\theta$$

$$= N_\varphi \frac{\mathrm{d}r}{\mathrm{d}\varphi} \cdot \mathrm{d}\varphi \cdot \mathrm{d}\theta + \frac{\mathrm{d}N_\varphi}{\mathrm{d}\varphi} \cdot r \cdot \mathrm{d}\varphi \cdot \mathrm{d}\theta$$

$$= \frac{\mathrm{d}(r \cdot N_\varphi)}{\mathrm{d}\varphi}\mathrm{d}\varphi \cdot \mathrm{d}\theta$$

（当 $\mathrm{d}\varphi \to 0$，$\cos\varphi \to 1$）

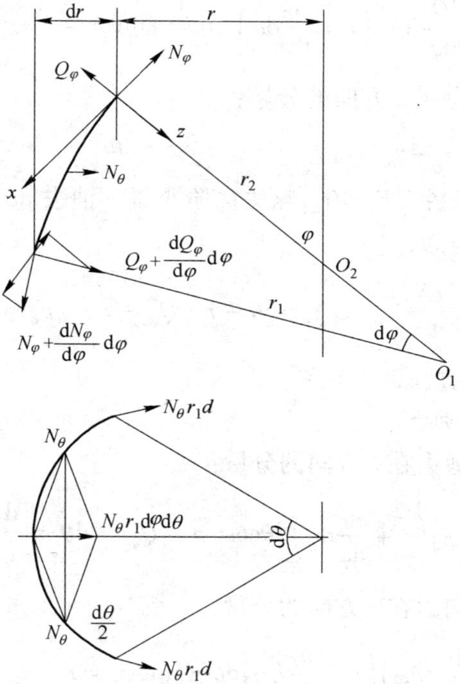

图 2-9　微元体受力图

（2）周向力在 x 方向的分量。

作用在经线截面上的力为 $N_\theta \cdot r_1 \cdot d\varphi$。

合力在平行圆半径方向上力为：

$$2N_\theta \cdot r_1 \cdot d\varphi \cdot \sin\frac{d\theta}{2} \approx N_\theta \cdot r_1 \cdot d\varphi \cdot d\theta$$

$$\left(当\frac{d\theta}{2}\to 0,\ \sin\frac{d\theta}{2}\to\frac{d\theta}{2}\right)$$

x 方向分量为：

$$-N_\theta \cdot r_1 \cdot d\varphi \cdot d\theta \cdot \cos\varphi$$

（3）剪应力在 x 方向的分量：

$$-\left(Q_{\varphi}+\frac{\mathrm{d}Q_{\varphi}}{\mathrm{d}\varphi}\mathrm{d}\varphi\right)\left(r+\frac{\mathrm{d}r}{\mathrm{d}\varphi}\mathrm{d}\varphi\right)\cdot\mathrm{d}\theta\cdot\sin\mathrm{d}\varphi=-r\cdot Q_{\varphi}\mathrm{d}\theta\cdot\mathrm{d}\varphi$$

（4）外力在 x 方向的分量：

$$p_{\varphi}\cdot r\cdot r_1\cdot\mathrm{d}\varphi\cdot\mathrm{d}\theta$$

由平衡条件 $\Sigma F_x=0$，略去高阶小量，消去 $\mathrm{d}\varphi\cdot\mathrm{d}\theta$，得 x 方向的平衡方程为：

$$\frac{\mathrm{d}(rN_{\varphi})}{\mathrm{d}\varphi}-r_1N_{\theta}\cos\theta-r\cdot Q_{\varphi}+r\cdot r_1p_{\varphi}=0$$

B　沿 z 方向的力平衡

如图 2-9 所示。

（1）横剪力在 z 方向的分量：

$$\left(Q_{\varphi}+\frac{\mathrm{d}Q_{\varphi}}{\mathrm{d}\varphi}\mathrm{d}\varphi\right)\left(r+\frac{\mathrm{d}r}{\mathrm{d}\varphi}\mathrm{d}\varphi\right)\mathrm{d}\theta\cos\mathrm{d}\varphi-Q_{\varphi}r\cdot\mathrm{d}\theta=\frac{\mathrm{d}(rQ_{\varphi})}{\mathrm{d}\varphi}\mathrm{d}\varphi\cdot\mathrm{d}\theta$$

（2）经向力在 z 方向的分量：

$$\left(N_{\varphi}+\frac{\mathrm{d}N_{\varphi}}{\mathrm{d}\varphi}\mathrm{d}\varphi\right)\left(r+\frac{\mathrm{d}r}{\mathrm{d}\varphi}\mathrm{d}\varphi\right)\mathrm{d}\theta\cdot\sin\mathrm{d}\varphi=r\cdot N_{\varphi}\cdot\mathrm{d}\varphi\cdot\mathrm{d}\theta$$

（3）周向力在 z 方向分量：

$$r_1\cdot N_{\theta}\cdot\mathrm{d}\varphi\cdot\mathrm{d}\theta\cdot\sin\varphi$$

（4）外力在 z 方向的分量：

$$-P_zr\cdot r_1\cdot\mathrm{d}\varphi\cdot\mathrm{d}\theta$$

由 $\Sigma F_z=0$，消去 $\mathrm{d}\varphi\cdot\mathrm{d}\theta$，$z$ 方向平衡为：

$$\frac{\mathrm{d}(r\cdot Q_{\varphi})}{\mathrm{d}\varphi}+r_1\cdot N_{\theta}\sin\varphi+rN_{\varphi}-r\cdot r_1P_z=0$$

C　沿 y 向的力平衡

如图 2-10 所示。

（1）经向合力力矩在 y 轴的分量。

作用在两个旋转截面上的经向弯矩符合右手定则，矢量方向

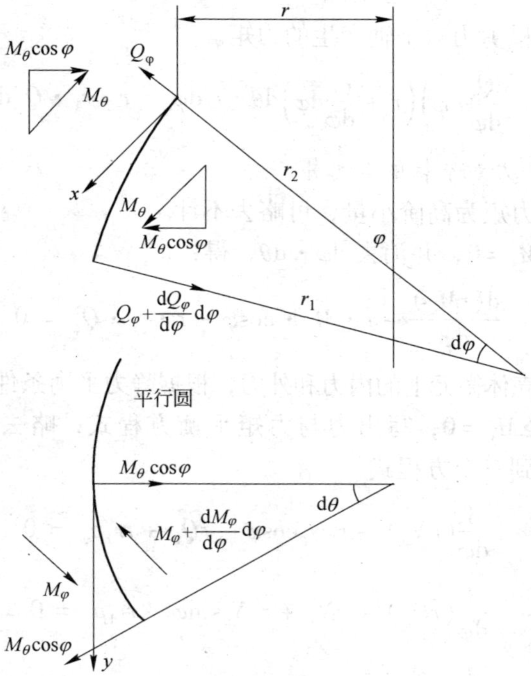

图 2-10　微元体受力图

相反，它们与 y 轴均有一交角为$\frac{d\theta}{2}$。

$$M_\varphi\cdot r\cdot d\theta\cos\frac{d\theta}{2}-\left(M_\varphi+\frac{dM_\varphi}{d\varphi}d\varphi\right)\left(r+\frac{dr}{d\varphi}d\varphi\right)d\theta\cdot\cos\frac{d\theta}{2}$$

$$=-\frac{d(r\cdot M_\varphi)}{d\varphi}\cdot d\varphi\cdot d\theta$$

（2）周向弯矩在 y 轴上的分量。

作用在左侧经线截面上的周向弯矩矢量在平行圆半径方向分量为 $M_\theta\cdot r_1\cdot d\varphi\cos\varphi$。

y 方向的分量是：

$$M_\theta \cdot r_1 \cdot \mathrm{d}\varphi \cdot \cos\varphi \cdot \sin\mathrm{d}\theta = r_1 \cdot M_\theta \cdot \cos\varphi \cdot \mathrm{d}\varphi \cdot \mathrm{d}\theta$$

（3）横剪力对 y 轴产生的力矩。

$$\left(Q_\varphi + \frac{\mathrm{d}Q_\varphi}{\mathrm{d}\varphi}\mathrm{d}\varphi\right)\left(r + \frac{\mathrm{d}r}{\mathrm{d}\varphi}\mathrm{d}\varphi\right)\mathrm{d}\theta \cdot r_1\mathrm{d}\varphi = r \cdot r_1 \cdot Q_\varphi \mathrm{d}\varphi \cdot \mathrm{d}\theta$$

D　外力对 y 轴的合力矩

其合力矩为高阶小量，可略去不计。

由 $\Sigma M_y = 0$，并消去 $\mathrm{d}\varphi \cdot \mathrm{d}\theta$，得：

$$\frac{\mathrm{d}(rM_\varphi)}{\mathrm{d}\varphi} - r \cdot M_\theta \cdot \cos\varphi - r \cdot r_1 \cdot Q_\varphi = 0$$

对于壳体微元上的内力和外力，根据静力平衡条件：$\Sigma F_x = 0$，$\Sigma F_z = 0$，$\Sigma M_y = 0$，写出力与力矩平衡方程式，略去高阶小量，并整理得到三个方程式

$$\frac{\mathrm{d}}{\mathrm{d}\varphi}(rN_\varphi) - r_1 N_\theta \cos\varphi - rQ_\varphi + rr_1 p_\varphi = 0 \tag{2-5a}$$

$$\frac{\mathrm{d}}{\mathrm{d}\varphi}(rQ_\varphi) + rN_\varphi + r_1 N_\theta \sin\varphi - rr_1 p_z = 0 \tag{2-5b}$$

$$\frac{\mathrm{d}}{\mathrm{d}\varphi}(rM_\varphi) - r_1 M_\theta \cos\varphi - rr_1 Q_\varphi = 0 \tag{2-5c}$$

由式（2-5a）和式（2-5b）消去 N_θ，并整理后

$$rN_\varphi \sin\varphi + rQ_\varphi \cos\varphi = \int rr_1(p_z\cos\varphi - p_\varphi \sin\varphi)\mathrm{d}\varphi + C \tag{2-6a}$$

若令

$$V = r_2 Q_\varphi \tag{2-6b}$$

$$J(\varphi) = \int rr_1(p_z\cos\varphi - p_\varphi\sin\varphi)\mathrm{d}\varphi + C \tag{2-6c}$$

因为 $r = r_2\sin\varphi$，则由式（2-6a）直接得：

$$N_\varphi = \frac{1}{r_2}\left[\frac{J(\varphi)}{\sin^2\varphi} - V\cot\varphi\right] \tag{2-7a}$$

将 N_φ、V 代入式（2-5b）得：

$$N_\theta = -\frac{1}{r_1}\frac{\mathrm{d}V}{\mathrm{d}\varphi} - \frac{J(\varphi)}{r_1\sin^2\varphi} + r_2 p_z \tag{2-7b}$$

式中，V 等于横剪力 Q_φ 与第二曲率半径 r_2 的乘积；$J(\varphi)$ 是轴向外载荷的函数，是一个积分式，其中 C 为积分常数，其可由边界条件确定。$J(\varphi)$ 若乘上 2π 即表示回转薄壳在平行圆以下的区域内所承受的总的轴向外载荷，如图 2-11 所示。故式（2-6a）又称为旋转薄壳的区域平衡方程，表示了外载荷与内力的轴向平衡。

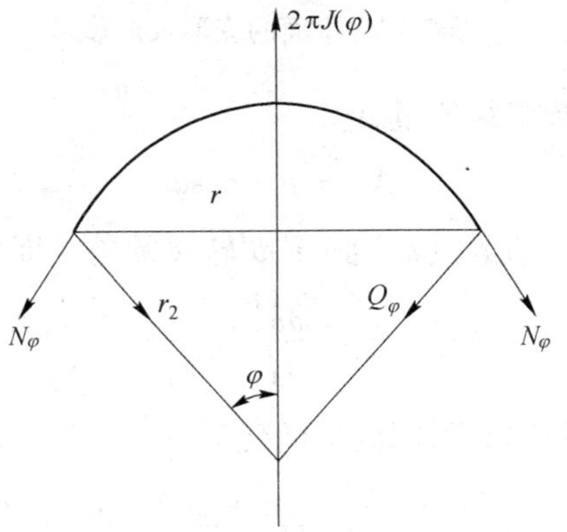

图 2-11　旋转壳的区域平衡

2.2.2　几何方程

在轴对称条件下，旋转壳的变形对称于旋转轴。用 u、v、w 分别表示 x、y、z 方向的位移分量，位移沿坐标轴正向取正，反之取负。由于轴对称 $v=0$。

2.2.2.1　中面的变形及位移

中面的总变形可以看成由经向位移 u 和法向位移 w 所引起的变形的叠加。

A　经向位移 u 引起的各种变形

如图 2-12 所示。

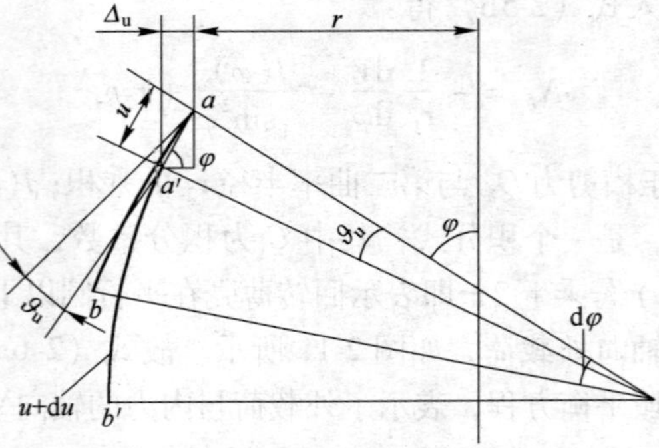

图 2-12　中面的变形及位移

（1）平行圆半径增量 Δ_u。

$$\Delta_u = u \cdot \cos\varphi$$

（2）线元转角 ϑ_u（a-b 到 a'-b'转过的角，即切线夹角）。

$$\vartheta_u = \frac{aa'}{r_1} = \frac{u}{r_1}$$

（3）经向位移 u 引起的经向变形 ε_φ^u。

$$\varepsilon_\varphi^u = \frac{a'b' - ab}{ab} = \frac{(u + \mathrm{d}u) - u}{\mathrm{d}\varphi \cdot r_1} = \frac{\mathrm{d}u}{r_1 \mathrm{d}\varphi}$$

（4）周向变形 ε_θ^u。

$$\varepsilon_\theta^u = \frac{2\pi(r + \Delta_u) - 2\pi \cdot r}{2\pi \cdot r} = \frac{\Delta_u}{r}$$

B　法向位移 w 引起的各种变形

如图 2-13 所示。

（1）平行圆半径增量 Δ_w。

$$\Delta_w = - w \cdot \sin\varphi \quad (w \text{ 与 } z \text{ 反向})$$

（2）线元的转角 ϑ_w（顺时针为负）。

$$\vartheta_w \approx \tan\vartheta_w = \frac{\mathrm{d}w}{ab} = \frac{\mathrm{d}w}{r_1 \mathrm{d}\varphi}$$

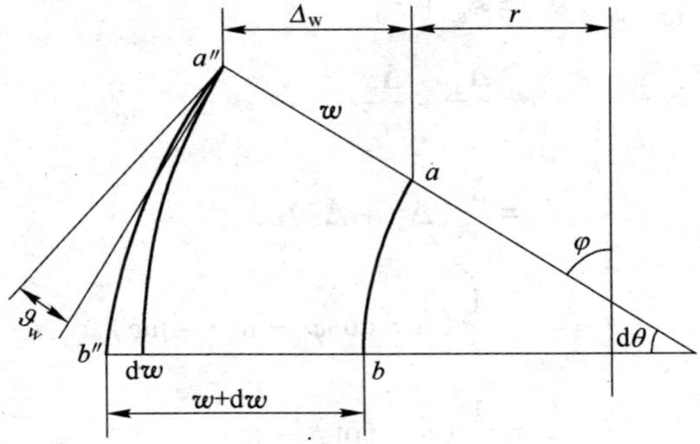

图 2-13　法向位移 w 引起的各种变形

（3）经向变形 $\varepsilon_{\varphi}^{w}$。

$$\varepsilon_{\varphi}^{w}=\frac{a''b''-ab}{ab}=\frac{(r_1-w)\mathrm{d}\varphi-r_1\mathrm{d}\varphi}{r_1 d}=-\frac{w}{r_1}$$

（4）周向变形 ε_{θ}^{w}。

$$\varepsilon_{\theta}^{w}=\frac{2\pi(r+\Delta_w)-2\pi r}{2\pi r}=\frac{\Delta_w}{r}$$

C　中面的总的各种变形

（1）平行圆半径增量。

$$\Delta=\Delta_u+\Delta_w=u\cdot\cos\varphi-w\cdot\sin\varphi \tag{2-8a}$$

（2）线元总的转角 ϑ。

$$\vartheta=\vartheta_u+\vartheta_w=\frac{u}{r_1}+\frac{\mathrm{d}w}{r_1\mathrm{d}\varphi}=\frac{1}{r_1}\left(u+\frac{\mathrm{d}w}{\mathrm{d}\varphi}\right) \tag{2-8b}$$

（3）中面的经向总变形 ε_{φ}。

$$\varepsilon_{\varphi}=\varepsilon_{\varphi}^{u}+\varepsilon_{\varphi}^{w}=\frac{\mathrm{d}u}{r_2\mathrm{d}\varphi}-\frac{w}{r_1}=\frac{1}{r_1}\left(\frac{\mathrm{d}u}{\mathrm{d}\varphi}-w\right)$$

即：

$$\varepsilon_{\varphi}=\frac{1}{r_1}\left(\frac{\mathrm{d}u}{\mathrm{d}\varphi}-w\right) \tag{2-8c}$$

（4）中面的周向变形 ε_{θ}。

$$\begin{aligned}\varepsilon_\theta &= \varepsilon_\theta^{u} + \varepsilon_\theta^{w} \\ &= \frac{\Delta_u}{r} + \frac{\Delta_w}{r} \\ &= \frac{1}{r}(\Delta_u + \Delta_w) \\ &= \frac{1}{r}(u \cdot \cos\varphi - w \cdot \sin\varphi) \\ &= \frac{1}{r_2}(u \cdot \cot\varphi - w)\end{aligned}$$

即：
$$\varepsilon_\theta = \frac{1}{r_2}(u \cdot \cot\varphi - w) \tag{2-8d}$$

D 变形谐调方程

用 ε_φ、ε_θ 表示 u、w。

由 ε_φ、ε_θ 表达式有：

$$\frac{du}{d\varphi} - w = r_1 \varepsilon_\varphi \tag{a}$$

$$u \cdot \cot\varphi - w = r_2 \varepsilon_\theta \tag{b}$$

式(a) - 式(b)

$$\frac{du}{d\varphi} - u \cdot \cot\varphi = r_1 \varepsilon_\varphi - r_2 \varepsilon_\theta$$

两边除 $\sin\varphi$ 得：

$$\frac{du}{d\varphi \sin\varphi} - u \cdot \frac{\cos\varphi}{\sin^2\varphi} = \frac{r_1 \varepsilon_\varphi - r_2 \varepsilon_\theta}{\sin\varphi}$$

整理
$$\frac{\frac{du}{d\varphi}\sin\varphi - u \cdot \frac{d \cdot \sin\varphi}{d\varphi}}{\sin^2\varphi} = \frac{r_1 \varepsilon_\varphi - r_2 \varepsilon_\theta}{\sin\varphi}$$

化简
$$d\left(\frac{u}{\sin\varphi}\right) = \frac{r_1 \varepsilon_\varphi - r_2 \varepsilon_\theta}{\sin\varphi}$$

积分
$$u = \sin\varphi \int_0^\varphi \frac{r_1 \varepsilon_\varphi - r_2 \varepsilon_\theta}{\sin\varphi} d\varphi + c_1 \cdot \sin\varphi$$

求$\frac{du}{d\varphi}$代入式（a）得 w：

$$w = \cos\varphi\int\frac{r_1\varepsilon_\varphi - r_2\varepsilon_\theta}{\sin\varphi}d\varphi - r_2\varepsilon_2 + c_1\cdot\cos\varphi$$

C_1 积分常数，代表轴向刚性位移，当研究弹性变形范围时 $C_1=0$，所以

$$u = \sin\varphi\int\frac{r_1\varepsilon_\varphi - r_2\varepsilon_\theta}{\sin\varphi}d\varphi \tag{2-8e}$$

$$w = \cos\varphi\int\frac{r_1\varepsilon_\varphi - r_2\varepsilon_\theta}{\sin\varphi}d\varphi - r_2\varepsilon_\theta \tag{2-8f}$$

$$\vartheta = \cot\varphi\cdot\left(\varepsilon_\varphi - \frac{r_2}{r_1}\varepsilon_\theta\right) - \frac{1}{r_1}\left[\frac{d}{d\varphi}(r_2\varepsilon_\theta)\right] \tag{2-8g}$$

上式称为轴对称旋转薄壳中面的变形协调方程或相容条件。其物理意义是，如果一个连续壳体的变形 ε_φ、ε_θ 及 ϑ 满足此方程，那么壳体在变形后仍是连续的。

E　中面曲率变化

如图 2-14 所示，设 x_1、x_2 为第一、二曲率的变化

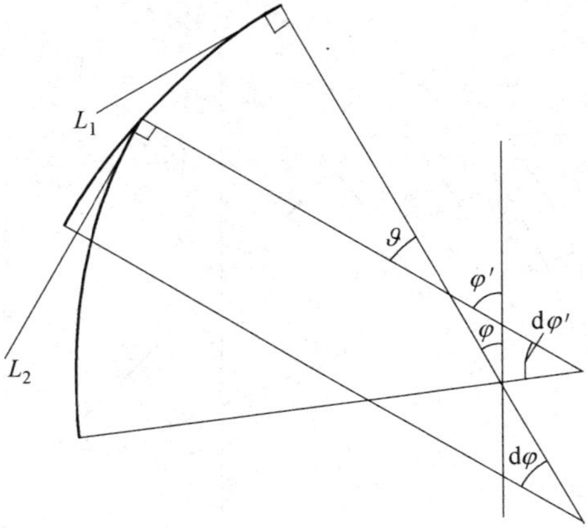

图 2-14　中面曲率变化

$$x_1 = \frac{1}{r_1'} - \frac{1}{r_2},\ x_2 = \frac{1}{r_2'} - \frac{1}{r_2}$$

根据小位移假设，并忽略高阶小量

$$r_1 = \frac{\mathrm{d}l_1}{\mathrm{d}\varphi} \quad r_1' = \frac{\mathrm{d}l_1(1+\varepsilon_1)}{\mathrm{d}(\varphi+\vartheta)} \approx \frac{\mathrm{d}l_1}{\mathrm{d}\varphi+\mathrm{d}\vartheta}$$

$$r_2 = \frac{r}{\sin\varphi} \quad r_2' = \frac{r+\Delta}{\sin(\varphi+\vartheta)}$$

因为

$$\sin(\varphi+\vartheta) = \sin\varphi\cos\vartheta + \cos\varphi\sin\vartheta = \sin\varphi + \vartheta\cos\varphi \quad 且\ \Delta \ll r$$

$$x_1 = \frac{\mathrm{d}\varphi+\mathrm{d}\vartheta}{\mathrm{d}l_1} - \frac{\mathrm{d}\varphi}{\mathrm{d}l_1} = \frac{\mathrm{d}\vartheta}{r_1\mathrm{d}\varphi}$$

$$x_2 = \frac{\sin\varphi+\vartheta\cos\varphi}{r+\Delta} - \frac{\sin\varphi}{r} = \frac{\vartheta}{r_2}\cot\varphi \tag{2-8h}$$

2.2.2.2　距中面为 z 的曲面变形

在无力矩理论应用时，应力沿壁厚均匀分布，应变也是均匀分布的。因此中面上的变形能代表整个壳体的变形。但有力矩理论时，即需要考虑距中面为 z 的曲面变形，同时也要考虑曲率的变化。

（1）变形前距中面为 z 的经线线元长 $\mathrm{d}l_\varphi$，如图 2-15 所示。

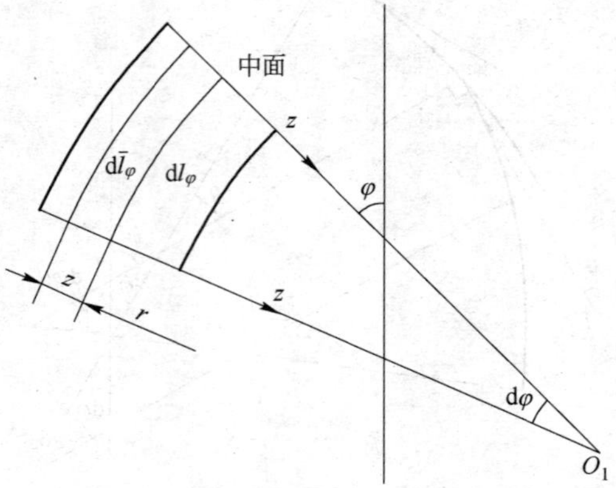

图 2-15　距中面为 z 的曲面变形

根据相似性：

$$\frac{\mathrm{d}\bar{l}_{\varphi}}{\mathrm{d}l_{\varphi}} = \frac{r_1 - z}{r_1}$$

所以 $$\mathrm{d}\bar{l}_{\varphi} = \mathrm{d}l_{\varphi}\left(1 - \frac{z}{r_1}\right)$$

（2）变形后距中面为 z 的经线线元长 $\mathrm{d}\bar{l}'_{\varphi}$，如图 2-16 所示。

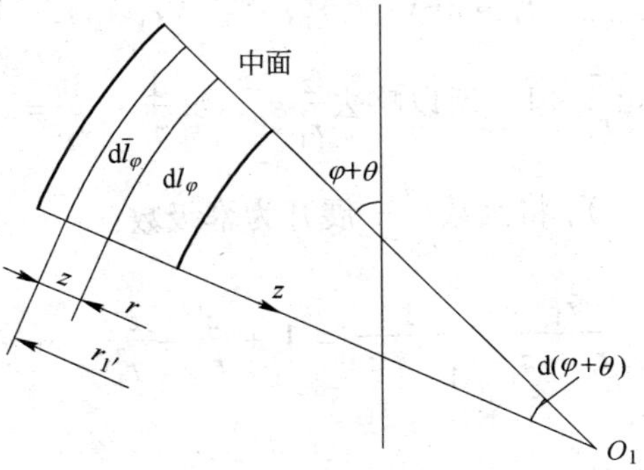

图 2-16　变形后线元变形

变形后 $\mathrm{d}l_{\varphi} \rightarrow \mathrm{d}\bar{l}'_{\varphi}$　$r_1 \rightarrow r'_1$　$\mathrm{d}l_{\varphi} \rightarrow \mathrm{d}l'_{\varphi}$　$z \rightarrow z$（厚度不变）

因为 $$\varepsilon_{\varphi} = \frac{\mathrm{d}l'_{\varphi} - \mathrm{d}l_{\varphi}}{\mathrm{d}l_{\varphi}}$$

所以 $$\mathrm{d}l'_{\varphi} = \mathrm{d}l_{\varphi}(1 + \varepsilon_{\varphi})$$

由相似得：

$$\frac{\mathrm{d}l'_4}{\mathrm{d}l'_1} = \frac{r'_1 - z}{r'_1}$$

$$\mathrm{d}\bar{l}'_{\varphi} = \mathrm{d}l'_{\varphi}\left(1 - \frac{z}{r'_1}\right)$$

$$\mathrm{d}\bar{l}'_{\varphi} = \mathrm{d}l_{\varphi}(1 + \varepsilon_{\varphi})\left(1 - \frac{z}{r'_1}\right)$$

式中，$\mathrm{d}l_{\varphi}$ 为变形前距中面为 z 的经线线元长，$\mathrm{d}\bar{l}'_{\varphi}$ 为变形后距中

面为 z 的经线线元长，其他按此标记。

（3）距中面为 z 的线元变形（ε_φ，ε_θ）。

$$\bar{\varepsilon}_\varphi = \frac{\mathrm{d}l'_\varphi - \mathrm{d}l_\varphi}{\mathrm{d}l_\varphi}$$

$$= \frac{r_1}{r_1 - z}\left[\varepsilon_\varphi\left(1 - \frac{z}{r'_1}\right) - z\left(\frac{1}{r'_1} - \frac{1}{r_1}\right)\right]$$

$$= \frac{r_1}{r_1 - z}\left[\left(1 - \frac{z}{r'_1}\right)\varepsilon_\varphi - \left(\frac{1}{r'_1} - \frac{1}{r_2}\right)z\right]$$

对于薄壳$\frac{z}{r'_1} \ll 1$，所以略去$\frac{z}{r'_1}\varepsilon_\varphi$，又$\frac{1}{r'_1} - \frac{1}{r_2} = x_1$，所以 $\bar{\varepsilon}_\varphi = \frac{r_1}{r_1 - z}(\varepsilon_\varphi - zx_1)$，将函数$\frac{r_1}{r_1 - z}$展开为幂级数：

$$\frac{r_1}{r_1 - z} = \frac{1}{1 - \frac{z}{r_1}} = 1 + \frac{z}{r_1} + \frac{z^2}{r_1^2} + \cdots$$

如果认为$\frac{z}{r_1} \ll 1$

$$\bar{\varepsilon}_\varphi = \varepsilon_\varphi - zx_1 = \varepsilon_\varphi - \frac{z\mathrm{d}\vartheta}{r_1\mathrm{d}\varphi}$$

$$\bar{\varepsilon}_\theta = \varepsilon_\theta - zx_2 = \varepsilon_\theta - \frac{z}{r_2}\vartheta \cdot \cot\varphi$$

2.2.3 物理方程

2.2.3.1 中面胡克定律

对于完全弹性体的各向同体，根据胡克定律有

$$\varepsilon_x = \frac{1}{E}[\sigma_x - \mu(\sigma_y + \sigma_z)]$$

$$\varepsilon_y = \frac{1}{E}[\sigma_y - \mu(\sigma_x + \sigma_z)]$$

$$\varepsilon_z = \frac{1}{E}[\sigma_z - \mu(\sigma_x + \sigma_y)]$$

$$\gamma_{yz} = \frac{1}{G}\tau_{yz} \quad \gamma_{zx} = \frac{1}{G}\tau_{zx} \quad \gamma_{xy} = \frac{1}{G}\tau_{xy}$$

式中，$G = \frac{E}{2(1+\mu)}$ 为剪切弹性模数；E 为弹性模数；μ 为泊松系数。

或表示成

$$\sigma_x = \frac{E}{1-\mu^2}[\varepsilon_x + \mu(\varepsilon_y + \varepsilon_z)]$$

$$\sigma_y = \frac{E}{1-\mu^2}[\varepsilon_y + \mu(\varepsilon_x + \varepsilon_z)]$$

$$\sigma_z = \frac{E}{1-\mu^2}[\varepsilon_z + \mu(\varepsilon_x + \varepsilon_y)]$$

根据互不挤压假设，即法向应力 $\sigma_z = 0$，则壳体截面上任一点的应力应变关系是：

$$\varepsilon_\varphi = \frac{1}{E}(\sigma_\varphi - \mu\sigma_\theta)$$

$$\varepsilon_\theta = \frac{1}{E}(\sigma_\theta - \mu\sigma_\varphi)$$

或写成：

$$\sigma_\varphi = \frac{E}{1-\mu^2}(\varepsilon_\varphi + \mu\varepsilon_\theta)$$

$$\sigma_\theta = \frac{E}{1-\mu^2}(\varepsilon_\theta + \mu\varepsilon_\varphi)$$

由符合完全弹性体假设的材料制成的回转薄壳，可由虎克定律导出内力和应变及曲率变化之间的关系。

2.2.3.2　距离中面 z 处胡克定律

距离中面 z 处的线应变 $\bar{\varepsilon}_\varphi$、$\bar{\varepsilon}_\theta$，由下式给出：

$$\bar{\varepsilon}_\varphi \approx \varepsilon_\varphi - zx_1 \approx \varepsilon_\varphi - \frac{z}{r_1}\frac{\mathrm{d}\vartheta}{\mathrm{d}\varphi} \qquad (2\text{-}9a)$$

$$\bar{\varepsilon}_\theta \approx \varepsilon_\theta - zx_2 \approx \varepsilon_\theta - \frac{z}{r_2}\vartheta\cot\varphi \tag{2-9b}$$

根据胡克定律，

$$\bar{\varepsilon}_\varphi = \frac{1}{E}(\bar{\sigma}_\varphi - \mu\bar{\sigma}_\theta)$$

$$\bar{\varepsilon}_\theta = \frac{1}{E}(\bar{\sigma}_\theta - \mu\bar{\sigma}_\varphi)$$

因此，应力为：

$$\bar{\sigma}_\varphi = \frac{E}{1-\mu^2}(\bar{\sigma}_\varphi + \mu\bar{\sigma}_\theta) \tag{2-10a}$$

$$\bar{\sigma}_\theta = \frac{E}{1-\mu^2}(\bar{\sigma}_\theta + \mu\bar{\sigma}_\varphi) \tag{2-10b}$$

将式（2-9a）、式（2-9b）代入式（2-10a）、式(2-10b)，得：

$$\bar{\sigma}_\varphi = \frac{E}{1-\mu^2}(\bar{\varepsilon}_\varphi + \mu\varepsilon_\theta) - z(x_1 + \mu x_2) \tag{2-11a}$$

$$\bar{\sigma}_\theta = \frac{E}{1-\mu^2}(\varepsilon_\theta + \mu\varepsilon_\varphi) - z(x_2 + \mu x_1) \tag{2-11b}$$

将式（2-10a）、式（2-10b）代入式（2-3），得内力为：

$$N_\varphi = \int_{-\frac{s}{2}}^{\frac{s}{2}} \bar{\sigma}_\varphi \mathrm{d}z = \frac{ES}{1-\mu^2}(\varepsilon_\varphi + \mu\varepsilon_\theta) \tag{2-12a}$$

$$N_\theta = \int_{-\frac{s}{2}}^{\frac{s}{2}} \bar{\sigma}_\theta \mathrm{d}z = -\frac{ES}{1-\mu^2}(\varepsilon_\theta + \mu\varepsilon_\varphi) \tag{2-12b}$$

$$M_\theta = \int_{-\frac{s}{2}}^{\frac{s}{2}} \bar{\sigma}_\varphi z\mathrm{d}z = -\frac{ES^3}{12(1-\mu^2)}(x_1 + \mu x_2) \tag{2-12c}$$

$$M_\theta = \int_{-\frac{s}{2}}^{\frac{s}{2}} \bar{\sigma}_\theta z\mathrm{d}z = -\frac{ES^3}{12(1-\mu^2)}(x_2 + \mu x_1) \tag{2-12d}$$

式(2-12a)～式(2-12d)即为轴对称条件下旋转薄壳的物理方程，共四个物理方程。联系到式(2-5a)～式(2-5c)三个平衡方程，共有7个方程式，对应于7个未知量 N_φ、N_θ、M_φ、M_θ、Q_φ、u、w。因此，轴对称旋转薄壳一般问题原则上可解。

2.3 回转薄壳的无力矩理论

回转薄壳中弯矩很小，忽略以后可以使壳体的应力分析大为简化。忽略弯矩的壳体理论称为无力矩理论，或者称作薄膜理论。壳体问题按无力矩理论所得到的解答称为薄膜解，薄膜解是设计压力容器的基础。同时，将薄膜解与局部边缘弯曲解结合起来是全面分析容器中应力的一种重要方法。

2.3.1 无力矩理论的一般方程

在轴对称条件下，按照无力矩理论（$M_\varphi=0$，$M_\theta=0$，$Q_\varphi=0$）所建立的平衡方程可以直接由式（2-5）得出，即：

$$\frac{\mathrm{d}}{\mathrm{d}\varphi}(rN_\varphi)-r_1N_\theta\cos\varphi+rr_1p_\varphi=0 \tag{2-13a}$$

$$rN_\varphi+r_1N_\theta\sin\varphi-rr_1p_z=0 \tag{2-13b}$$

2.3.1.1 拉普拉斯方程

利用几何关系式方程则上式成为：

$$\frac{N_\varphi}{r_1}+\frac{N_\theta}{r_2}=p_z \quad 或 \quad \frac{\sigma_\varphi}{r_1}+\frac{\sigma_\theta}{r_2}=\frac{p_z}{S} \tag{2-14}$$

此式为拉普拉斯方程。

2.3.1.2 区域平衡方程

由式（2-7a）、式（2-7b），并由 $Q_\varphi=0$ 得：

$$N_\varphi=\frac{J(\varphi)}{r_2\sin^2\varphi}=\frac{J(\varphi)}{r\sin\varphi} \tag{2-15a}$$

$$N_\theta=r_2p_z-\frac{J(\varphi)}{r_1\sin^2\varphi} \tag{2-15b}$$

此式为区域平衡方程。

2.3.1.3　$J(\varphi)$ 物理意义

壳体平行圆单位弧度上所承受的轴向外载荷，单位为 kg。如图 2-17 所示，沿平行圆取微元环的面积为 $dA = 2\pi r r_1 d\varphi$。则轴向总载荷为：

$$\int_0^{\varphi} (p_z\cos\varphi - p_\varphi\sin\varphi)\,dA = 2\pi\int_0^{\varphi}(p_z\cos\varphi - p_\varphi\sin\varphi)\,r \cdot r_1 d\varphi$$

$$= 2\pi \cdot J(\varphi)$$

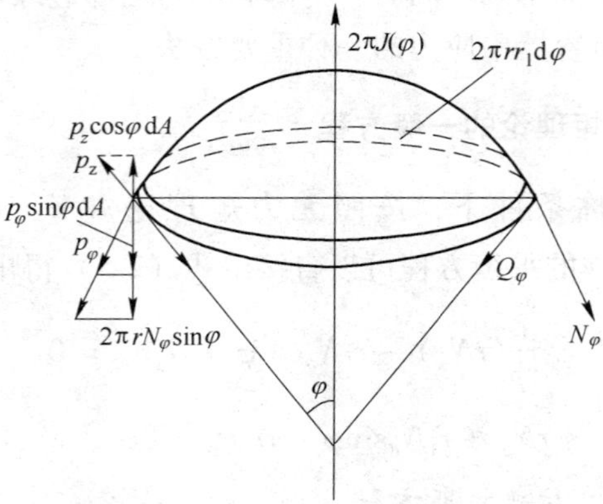

图 2-17　旋转薄壳的区域平衡

区域平衡方程的物理意义由图可知：

$$2\pi \cdot rN_\varphi\sin\varphi = 2\pi J(\varphi)$$

所以
$$N_\varphi = \frac{J(\varphi)}{r\sin\varphi}$$

式中，$J(\varphi) = \int_0^{\varphi} r \cdot r_1(p_z\cos\varphi - p_\varphi\sin\varphi)\,d\varphi$

以 Q 表示轴向总载荷，即 $Q = 2\pi \cdot J(\varphi)$，则有：

$$Q = 2\pi \cdot rN_\varphi\sin\varphi$$

根据 $J(\varphi)$ 的物理意义，求出 $J(\varphi)$，再求 N_φ 及 N_θ 的值。

式（2-14）和式（2-15）即为回转薄壳无力矩理论的基本公式。不计弯矩就等于假设应力沿壁厚均匀分布，故壳体的薄膜应力为：

$$经向应力，\quad \sigma_\varphi = \frac{N_\varphi}{S}$$

$$周向应力，\quad \sigma_\theta = \frac{N_\theta}{S}$$

正因为薄膜应力沿壁厚均匀分布，所以壳体中面的变形即代表壳体在薄膜应力作用下的变形，于是可以用式（2-8a）~式（2-8g）来计算薄膜应力作用下的壳体的变形与位移。

2.3.2 应用无力矩理论的条件

（1）几何连续。即壳体应具有连续曲面。在壳体形状有突变的地方（例如曲率发生突变、壳体壁厚突变、材料发生突变等），按无力矩理论分析时，将出现明显的变形不协调，而变形不协调将直接导致局部弯曲，不能应用无力矩理论。

（2）外载连续。即壳体上的外载荷应当是连续的。当有垂直于壳壁的集中力、显著温差、力矩作用、加强圈等不连续时，壳体将为有力矩状态。

（3）约束连续。

1）壳体边界固定形式应该是自由支承的。当边界上法向位移和转角受到约束，在载荷作用下势必引起壳体弯曲，不能保持无力矩状态。

2）壳体的边界力应当在壳体曲面的切平面内。要求在边界上无横剪力和弯矩，如无折边球形封头与筒体连接处的边界内力。

综上所述，薄壳无力矩状态的存在必须满足壳体几何形状、材料和载荷的连续性，同时须保证壳体具有自由边界。当这些条件中有一个不能满足的，就不能应用无力矩理论去分析。但是对于远离壳体的连接边缘、载荷的分界面、容器的支座等无局部弯曲的地方，无力矩理论的解答仍有效。

2.3.3 无力矩理论的应用

2.3.3.1 在气体压力作用下

气体压力是一种轴对称载荷，各处相等且垂直于壳体表面，如图2-17所示。当受气体恒定的内压时，$p_z = p =$ 常数，$p_\varphi = 0$。注意到 $r = r_2\sin\varphi$，$r_1\mathrm{d}\varphi\cos\varphi = \mathrm{d}r = \mathrm{d}(r_2\sin\varphi)$，则对于顶端密封的壳体，由式（2-6c）得：

$$J(\varphi) = \int_0^\varphi rr_1(p_z\cos\varphi - p_\varphi\sin\varphi)\mathrm{d}\varphi$$

$$= \int_0^\varphi pr_1r_2\cos\varphi\sin\varphi\mathrm{d}\varphi$$

$$= p\int_0^\varphi (r_2\sin\varphi)\mathrm{d}(r_2\sin\varphi)$$

$$= \frac{p}{2}(r_2\sin\varphi)^2 \tag{2-16}$$

$$N_\varphi = \frac{J(\varphi)}{r_2\sin^2\varphi} = \frac{pr_2}{2}$$

或

$$\sigma_\varphi = \frac{pr_2}{2S} \tag{2-17a}$$

$$N_\theta = r_2\left(p - \frac{N_\varphi}{r_1}\right) = N_\varphi\left(2 - \frac{r_2}{r_1}\right)$$

或

$$\sigma_\theta = \sigma_\varphi\left(2 - \frac{r_2}{r_1}\right) \tag{2-17b}$$

由此可见，受气体内压力 p 作用的旋转壳，只要已知壳体的形成，即已知 r_1 和 r_2，就可算出薄膜应力与应变。下面论述几种常用壳体的薄膜解。

A 圆柱壳

如图2-18所示，$r_1 = \infty$，$r_2 = r =$ 常数，代入式(2-17a)、式(2-17b)得：

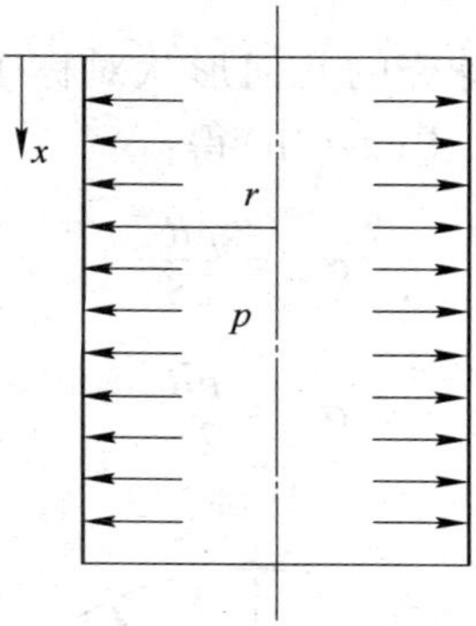

图 2-18　圆柱壳

$$N_{\varphi} = \frac{pr_2}{2} \quad 或 \quad \sigma_{\varphi} = \frac{pr_2}{2S}$$

$$N_{\theta} = N_{\varphi}\left(2 - \frac{r_2}{r_1}\right) = 2N_{\varphi} \quad 或 \quad \sigma_{\theta} = \frac{pr_2}{S}$$

B　圆锥壳

如图 2-19 所示，$r_1 = \infty$，$r_2 = x\tan\alpha$，代入式(2-17a)、式(2-17b)得：

$$\sigma_{\varphi} = \frac{px\tan\alpha}{2S}$$

$$\sigma_{\theta} = \frac{px\tan\alpha}{S}$$

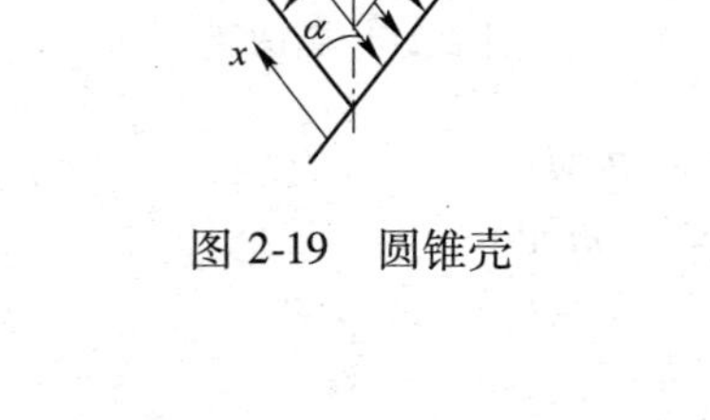

图 2-19　圆锥壳

C　部分球壳

如图 2-20 所示，球壳的几何形状对称于球心。$r_1 = r_2 = R =$ 常数，代入式(2-17a)、式(2-17b)得：

$$\sigma_\varphi = \frac{pR}{2S}$$

$$\sigma_\theta = \frac{pR}{2S}$$

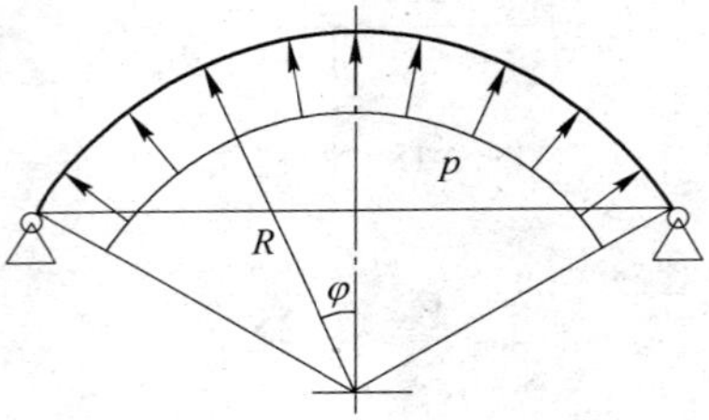

图 2-20　部分球壳

D　椭球壳

如图 2-21 所示，椭球壳的经线为一椭圆。

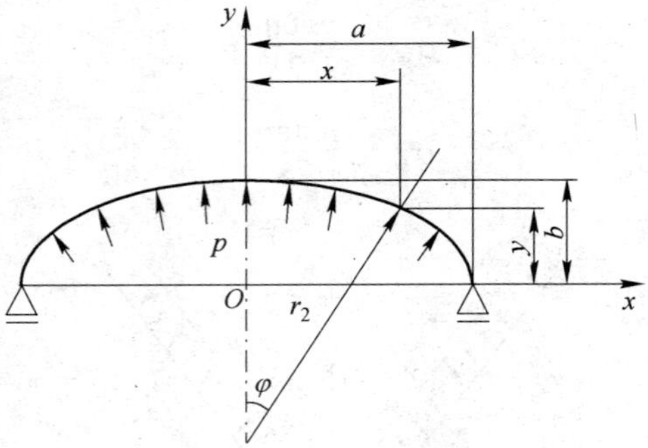

图 2-21　椭球壳

由前述可知 $r_1 = ma\psi^3$

$$r_2 = ma\psi$$

所以

$$\sigma_\varphi = \frac{pma\psi}{2S}$$

$$\sigma_\theta = \sigma_\varphi\left(2 - \frac{1}{\psi^2}\right)$$

在实际应用中，常用的标准椭圆形封头 $m=2$。

因此，在椭圆球壳顶点处 $\psi=0$，$m=2$ 时，$\psi=1$，则

$$\sigma_1 = \sigma_2 = \frac{pa}{S}$$

在椭圆球壳的赤道上，$\varphi=\frac{\pi}{2}$，$\psi=\frac{1}{2}$，则

$$\sigma_1 = \frac{pa}{2S}$$

$$\sigma_2 = \sigma_1\left(2 - \frac{1}{\psi^2}\right) = -\frac{pa}{S}$$

当 $\psi=\frac{1}{\sqrt{2}}$时，得 $\sigma_2=0$，$\sigma_1=\frac{pa}{\sqrt{2}S}$

将 $\psi=\frac{1}{\sqrt{2}}$，$m=2$ 代入 ψ 表达式，则得：

$$\sin\varphi = \frac{1}{\sqrt{3}},\ \varphi = \pm 35°22'$$

承受气体压力作用的标准椭球壳压力分布图如图 2-22 所示，

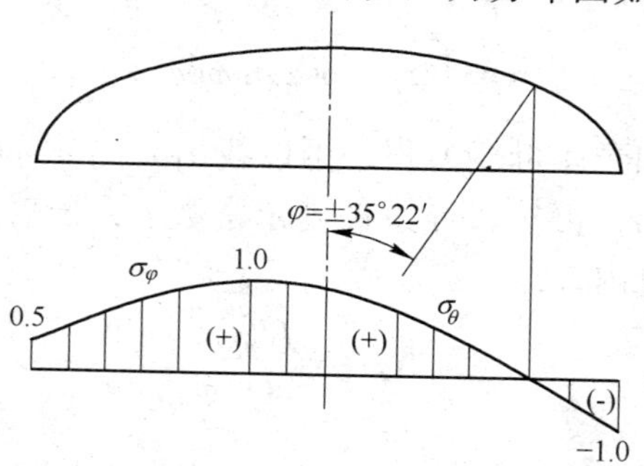

图 2-22　标准椭球壳压力分布

图中纵坐标单位为$\frac{\text{Pa}}{\text{S}}$。

2.3.3.2　在液柱压力作用下

液柱压力是一种静压力，各点压力将随液体深度而改变。在液面上压力为零，在离液面深度为 h 的 A 点处，液柱压力为 ρgh（ρ 为液体的密度），如图 2-23 所示。

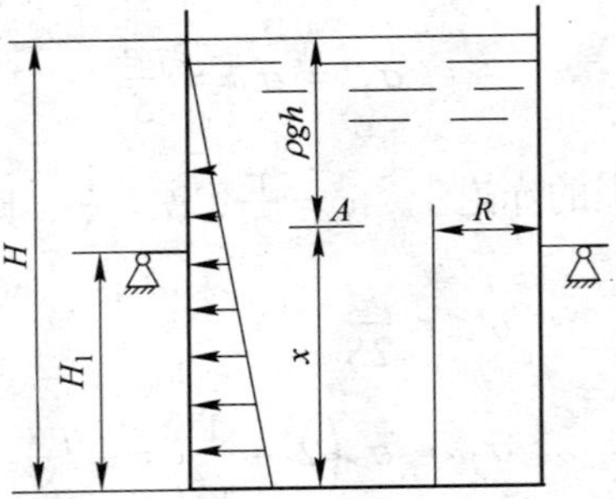

图 2-23　存储液体的圆筒

只有当壳体处于直立位置时，其轴垂直于地面，液体压力才是一种轴对称载荷，其余情况液压是非轴对称载荷。液体压力垂直于壳体表面：$p_\varphi = 0$，$p_z = \rho gh$。

在轴对称条件下式（2-6c）可以化为以下形式：

$$J(\varphi) = \int_0^\varphi rr_1(p_z\cos\varphi - p_\varphi\sin\varphi)\mathrm{d}\varphi + C$$

$$= \rho g\int hr_2r_1\cos\varphi\sin\varphi\mathrm{d}\varphi + C \qquad (2\text{-}18)$$

如果已知壳体母线方程，可以找出 h 与 φ 的关系，则上式积分可以积出，再按边界条件确定常数 C，最后即得 $J(\varphi)$。因此，可以计算内力：

$$N_\varphi = \frac{J(\varphi)}{r_2\sin^2\varphi} \qquad (2\text{-}19\text{a})$$

$$N_\theta = r_2\left(p_z - \frac{N_\varphi}{r_1}\right) = \rho ghr_2 - \frac{r_2}{r_1}N_\varphi \qquad (2\text{-}19\text{b})$$

如果液体压力作用圆柱壳（和贮罐），液柱高为 H，距底面 H_1 处有支撑，即：

$r_1=\infty$，$r_2=R=\text{const}$，$\varphi=\dfrac{\pi}{2}$，且 $h=H-x$。

（1）在支座以上（$x>H_1$），边界无轴向力，故 $J(\varphi)=0$，得：

$$\sigma_\varphi=0,\ \sigma_\theta=\frac{\rho g R}{S}(H-x)$$

（2）在支座以下（$x<H_1$），轴向总载荷等于液体总重（忽略壳体自重）。

即 $\pi\cdot R^2H\cdot\rho g$，所以：

$$J(\varphi)=\frac{\pi\cdot R^2H\cdot\rho g}{2\pi}=\frac{R^2}{2}H\cdot\rho g$$

由于 $\sin\varphi=1$，得：

$$\sigma_\varphi=\frac{R\cdot\rho g}{2S}H,\ \sigma_\theta=\frac{R\cdot\rho g}{S}(H-x)$$

2.4 有力矩理论

2.4.1 圆筒壳体的有力矩理论

如图 2-24 所示，在两个相邻的纵截面 θ 和（$\theta+\mathrm{d}\theta$）及两个相邻的横截面 x 和（$x+\mathrm{d}x$）切出一单元体。有力矩理论下壳体作用着两类力：（1）薄膜内力 N_x 和 N_θ，即在压力 p 作用下，作用着薄膜内力 N_x 和 N_θ；（2）剪力和弯矩 M_x、M_θ、Q_x，即由于压力 p 作用下产生的变形不协调，而在横截面上产生剪力 Q_x 和弯矩 M_x，由于横截面产生的变形受到约束，在纵截面上将产生周向弯矩 M_θ，所以圆筒壳体轴对称弯曲变形时壳体单元产生以下内力系：M_x、M_θ、Q_x、N_x、N_θ。

对于轴对称问题，周向位移 $v=0$，即把问题简单化到一个通过对称轴的平面内进行研究。取坐标为 x、z，其方向如图2-24

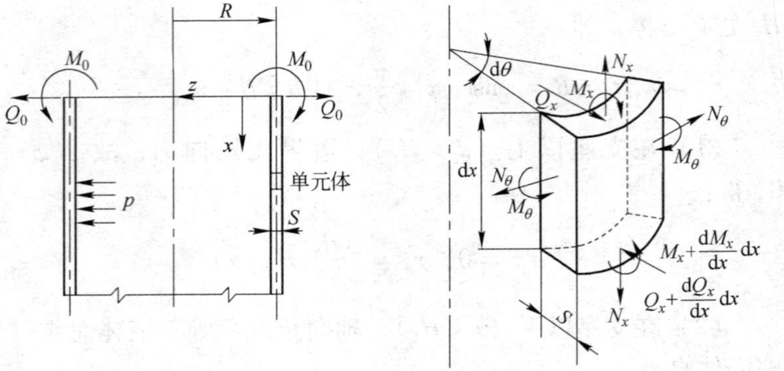

图 2-24　圆柱壳的边缘弯曲

所示，沿 x 方向有经向位移 u，沿 z 方向有法向位移 w。对于圆柱壳以角标 x 代替 φ，并有：$r_1=\infty$，$r_2=r=R$，$\varphi=\frac{\pi}{2}$，$r_1\mathrm{d}\varphi=\mathrm{d}x$，经向外载荷分量 $p_\varphi=0$。

2.4.1.1　平衡方程

将上述关系式代入式（2-5）的三个平衡方程式，即得圆柱壳的平衡方程为

$$R\frac{\mathrm{d}N_x}{\mathrm{d}x}=0 \tag{2-20a}$$

$$\frac{\mathrm{d}Q_x}{\mathrm{d}x}+\frac{N_\theta}{R}=p_z \tag{2-20b}$$

$$\frac{\mathrm{d}M_x}{\mathrm{d}x}=Q_x \tag{2-20c}$$

2.4.1.2　几何方程

由式（2-9）可得，并知 $\cot\frac{\pi}{2}=0$，则得：

$$\bar{\varepsilon}_x=\varepsilon_\varphi-\frac{z\mathrm{d}\vartheta}{r_1\mathrm{d}\varphi}=\varepsilon_\varphi-z\frac{\mathrm{d}\vartheta}{\mathrm{d}x} \tag{2-21}$$

$$\bar{\varepsilon}_\theta = \varepsilon_\theta - \frac{z}{r_2}\vartheta\cot\varphi = \varepsilon_\theta$$

由式（2-8b）、式（2-8c）及式（2-8d）得

$$\varepsilon_\varphi = \frac{1}{r_1}\left(\frac{\mathrm{d}u}{\mathrm{d}\varphi} - \omega\right) = \frac{\mathrm{d}u}{\mathrm{d}x} \tag{2-22a}$$

$$\varepsilon_\theta = \frac{1}{r_2}(u\cot\varphi - \omega) = -\frac{\omega}{R} \tag{2-22b}$$

$$\vartheta = \frac{1}{r_1}\left(u + \frac{\mathrm{d}\omega}{\mathrm{d}\varphi}\right) = \frac{\mathrm{d}\omega}{\mathrm{d}x} \tag{2-22c}$$

将式（2-22）代入式（2-21）中，即得圆柱壳上任一点（距中面为 z）的几何方程分别为：

$$\left.\begin{aligned}\bar{\varepsilon}_x &= \frac{\mathrm{d}u}{\mathrm{d}x} - z\frac{\mathrm{d}^2\omega}{\mathrm{d}x^2}\\ \bar{\varepsilon}_\theta &= -\frac{\omega}{R}\end{aligned}\right\} \tag{2-23}$$

2.4.1.3　物理方程

由式（2-8h）得：

$$\left.\begin{aligned}x_1 &= \frac{\mathrm{d}\vartheta}{r_1\mathrm{d}\varphi} = \frac{\mathrm{d}\vartheta}{\mathrm{d}x} = \frac{\mathrm{d}^2\omega}{\mathrm{d}x^2}\\ x_2 &= \frac{\vartheta}{r_2}\cot\varphi = 0\end{aligned}\right\} \tag{2-24}$$

将式（2-24）和式（2-22a）、式（2-22b）代入方程式（2-12），并由式（2-20c）即 $\frac{\mathrm{d}M_x}{\mathrm{d}x} - Q_x = 0$，得：

$$N_x = \frac{ES}{1-\mu^2}(\varepsilon_1 + \mu\varepsilon_2) = \frac{ES}{1-\mu^2}\left(\frac{\mathrm{d}u}{\mathrm{d}x} - \mu\frac{\omega}{R}\right) \tag{2-25a}$$

$$N_\theta = \frac{ES}{1-\mu^2}(\varepsilon_2 + \mu\varepsilon_1) = \frac{ES}{1-\mu^2}\left(\mu\frac{\mathrm{d}u}{\mathrm{d}x} - \frac{\omega}{R}\right) \tag{2-25b}$$

$$M_x = -D(x_1 + \mu x_2) = -D\frac{\mathrm{d}^2\omega}{\mathrm{d}x^2} \tag{2-25c}$$

$$M_\theta = -D(x_2 + \mu x_1) = \mu M_x \tag{2-25d}$$

$$Q_x = \frac{\mathrm{d}M_x}{\mathrm{d}x} = -D\frac{\mathrm{d}^3\omega}{\mathrm{d}x^3} \tag{2-25e}$$

2.4.1.4 圆柱壳轴对称弯曲问题的微分方程式

A 以位移为未知数的微分方程式

采用位移解法建立以位移为未知数的微分方程式，由式(2-20c)可知：

$$Q_x = \frac{\mathrm{d}M_x}{\mathrm{d}x} = -D\frac{\mathrm{d}^3\omega}{\mathrm{d}x^3} \tag{2-26}$$

由式（2-25a）可知：

$$\frac{\mathrm{d}u}{\mathrm{d}x} = \frac{1-\mu^2}{ES}N_x + \mu\frac{\omega}{R}$$

将其代入式（2-25b），得：

$$N_\theta = \mu N_x - ES\frac{\omega}{R} \tag{2-27}$$

将式（2-26）和式（2-27）代入式（2-20b）中，得：

$$\frac{\mathrm{d}^4\omega}{\mathrm{d}x^4} + \frac{ES}{DR^2}\omega = \frac{\mu}{DR}N_x - \frac{p_z}{D}$$

令$\frac{ES}{DR^2}=4\beta^4$，且知壳体的抗弯刚度 $D = \frac{ES^3}{12(1-\mu^2)}$，故：

$$\beta = \frac{\sqrt{3(1-\mu^2)}}{\sqrt{RS}}$$

对于一般钢材，$\mu=0.3$，则：

$$\beta = \frac{1.285}{\sqrt{RS}}$$

因此，微分方程可写为：

$$\frac{\mathrm{d}^4\omega}{\mathrm{d}x^4} + 4\beta^4\omega = \frac{\mu}{DR}N_x - \frac{p_z}{D}$$

式（2-20a）中可以说明 N_x 为常数，它就是壳体承受分布载荷 p_z 时的薄膜力，当 $p_z=p$ 时，$N_x^{\cdot}=\frac{pR}{2}$，代入上式得：

$$\frac{d^4\omega}{dx^4}+4\beta^4\omega=-\frac{p}{2D}(2-\mu) \tag{2-28}$$

式（2-28）就是圆柱壳轴对称弯曲问题的微分方程式。它是一个四阶常系数（β 为常数）线性非齐次微分方程。它的解应当是方程的一个特解加上对应的齐次方程的通解。

B　特解

微分方程的特解就是圆柱壳的薄膜解（对应两端封闭的内压圆筒时 $N_x=\frac{\pi R^2 p}{2\pi R}=\frac{pR}{2}$）。

对于承受均匀内压 p 的圆柱形容器，由式（2-8f）可知：$\omega=-r_2\varepsilon_\theta$，又由平面问题的胡克定律 $\varepsilon_\theta=\frac{1}{E}(\sigma_\theta-\mu\sigma_\varphi)$ 知：

$$\omega=-r_2\varepsilon_\theta=-r_2\frac{1}{E}\left(\frac{pR}{S}-\mu\frac{pR}{2S}\right)=-\frac{pR^2}{2ES}(2-\mu)$$

即特解为：

$$\omega=-(2-\mu)\frac{pR^2}{2ES} \tag{2-29}$$

C　通解

对应的齐次方程的通解就是表面载荷 $p=0$ 时圆柱壳的弯曲解（对应敞口圆筒且周边没有其他纵向载荷时，即：$p=0$，$N_x=0$）。

$$\frac{d^4\omega}{dx^4}+4\beta^4\omega=0 \tag{2-30}$$

其通解为：

$$\omega=e^{\beta x}(C_1\cos\beta x+C_2\sin\beta x)+e^{-\beta x}(C_3\cos\beta x+C_4\sin\beta x) \tag{2-31}$$

式中，C_1、C_2、C_3、C_4 为积分常数，由壳体的边界条件（边缘力系 Q_0 和 M_0）确定。

2.4.2 有力矩理论应用

2.4.2.1 圆筒壳体的弯曲解

当圆筒有足够长时，则靠近其一端的弯曲与另一端边缘力系关系极小，即两端的边界效应是互不耦合的，亦即互相独立的，因此求解时可以认为另一端是在无穷远处，称这种圆筒为长圆筒。

设在 $x=0$ 处的圆筒边缘，沿周长均匀分布着横剪力 Q_0 和弯矩 M_0，但无表面载荷 p 存在。Q_0 和 M_0 使壳体产生一局部弯曲，当 x 增大时，此弯曲即迅速衰减并趋于消失，即挠度 w 应趋于零。由于边缘力系是一自平衡力系，要使式（2-31）中 w 为零，必使此式中右端的第一项等于零，于是有 $C_1=C_2=0$，即：

$$w = e^{-\beta x}(C_3\sin\beta x + C_4\cos\beta x) \tag{2-32}$$

圆筒边缘载荷的边界条件为

$$(M_x)_{x=0} = \left(-D\frac{d^2w}{dx^2}\right)_{x=0} = M_0$$

$$(Q_x)_{x=0} = \left(D\frac{d^3w}{dx^3}\right)_{x=0} = Q_0$$

将式（2-32）代入上式，求得积分常数 C_3 和 C_4 为

$$C_3 = \frac{M_0}{2\beta^2 D}$$

$$C_4 = \frac{1}{2\beta^3 D}(Q_0 - \beta M_0)$$

将 C_3 和 C_4 代入式（2-32），得

$$w = -\frac{e^{-\beta x}}{2\beta^3 D}[\beta M_0(\cos\beta x - \sin\beta x) - Q_0\cos\beta x] \tag{2-33}$$

此方程表示筒体母线在连接边缘附近的挠度曲线，可以看出

它是一条衰减很快的波形曲线。

求挠度的各阶导数得：

$$
\begin{aligned}
\frac{d\omega}{dx} &= \frac{1}{2\beta^2 D}e^{-\beta x}[2\beta M_0\cos\beta x + p_0(\cos\beta x + \sin\beta x)] \\
\frac{d^2\omega}{dx^2} &= -\frac{1}{\beta D}e^{-\beta x}[\beta M_0(\cos\beta x + \sin\beta x) + p_0\sin\beta x] \quad (2\text{-}34) \\
\frac{d^3\omega}{dx^3} &= -\frac{1}{D}e^{-\beta x}[2\beta M_0\sin\beta x - p_0(\cos\beta x - \sin\beta x)]
\end{aligned}
$$

将式（2-25a）变化得：

$$\frac{du}{dx} = \frac{1-\mu^2}{ES}N_x + \mu\frac{\omega}{R}$$

将其代入式（2-25b）中，得：

$$N_\theta = \mu N_x - ES\frac{\omega}{R}$$

对于求通解，即 $p=0$，$N_x=0$，则 $N_\theta = -ES\dfrac{\omega}{R}$。将式（2-36）代入式（2-25），得到圆筒中各内力的计算公式：

$$
\begin{cases}
N_x = 0 \\
N_\theta = -\dfrac{ES}{R}\omega = -\dfrac{ES}{R}\dfrac{e^{-\beta x}}{2\beta^3 D}[\beta M_0(\sin\beta x - \cos\beta x) + Q_0\cos\beta x] \\
\quad = 2\beta R e^{-\beta x}[\beta M_0(\cos\beta x - \sin\beta x) - Q_0\cos\beta x] \\
M_x = -D\dfrac{d^2\omega}{dx^2} = \dfrac{e^{-\beta x}}{\beta}[\beta M_0(\cos\beta x + \sin\beta x) - Q_0\sin\beta x] \\
M_\theta = \mu M_x \\
Q_x = -D\dfrac{d^3\omega}{dx^3} = e^{-\beta x}[2\beta M_0\sin\beta x + Q_0(\cos\beta x - \sin\beta x)] \\
\Delta = -\omega = \dfrac{2\beta R^2}{ES}e^{-\beta x}[\beta M_0(\cos\beta x - \sin\beta x) + p_0\cos\beta x] \\
\vartheta = \dfrac{d\omega}{dx} = \dfrac{2\beta^2 R^2}{ES}e^{-\beta x}[2\beta M_0\cos\beta x + p_0(\cos\beta x + \sin\beta x)]
\end{cases}
\quad (2\text{-}35)
$$

上面这些内力在圆筒壳体内产生的应力为：

$$\sigma_x^{\mathrm{M}} = \frac{12M_x}{S^3}z$$

$$\sigma_\theta^{\mathrm{M}} = \frac{N_\theta}{S} + \frac{12M_\theta}{S^3}z$$

式中，应力符号右上角标 M 表示由边缘弯曲引起的应力。

2.4.2.2　球壳的弯曲解

对于球壳，如图 2-25 所示，根据旋转薄壳的平衡方程、几何方程和物理方程，令 $r_1 = r_2 = R_1$，即可得球壳轴对称弯曲问题的微分方程。设壳体表面载荷为零时的齐次方程可近似写为：

$$\begin{cases} \dfrac{\mathrm{d}^4\vartheta}{\mathrm{d}\varphi^4} + \dfrac{ESR_1^2}{D}\vartheta = 0 \\ \dfrac{\mathrm{d}^4 Q_\varphi}{\mathrm{d}\varphi^4} + \dfrac{ESR_1^2}{D}Q_\varphi = 0 \end{cases} \tag{a}$$

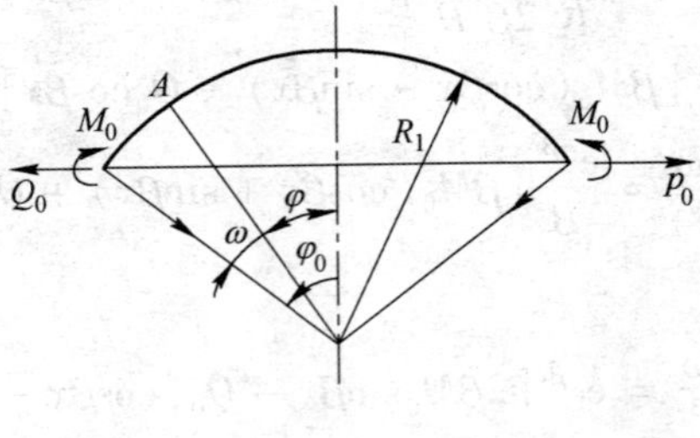

图 2-25　球壳的边缘弯曲

令 $\omega = \varphi_0 - \varphi$，则 $(\mathrm{d}\omega)^4 = (\mathrm{d}\varphi)^4$，代入式（a），并从其中任一式求得通解，再根据边界条件，即可推得在边缘力系作用下球壳 A 点处的内力和变形的表达式为：

$$
\begin{cases}
Q_0 = e^{-\beta_1\omega}\left[\dfrac{2\beta_1}{R_1}M_0\sin\beta_1\omega - Q_0\sin\varphi_0(\cos\beta_1\omega - \sin\beta_1\omega)\right] \\
N_\omega = -Q_\omega\cot(\varphi_0 - \omega) \\
N_\theta = 2\beta_1 e^{-\beta_1\omega}\left[\dfrac{\beta_1}{R_1}M_0(\cos\beta_1\omega - \sin\beta_1\omega) + Q_0\sin\varphi_0\cos\beta_1\omega\right] \\
M_\omega = e^{-\beta_1\omega}\left[M_0(\cos\beta_1\omega + \sin\beta_1\omega) + \dfrac{R_1}{\beta_1}Q_0\sin\varphi_0\sin\beta_1\omega\right] \\
M_\theta = \mu M_\omega \\
\Delta = \dfrac{2\beta_1}{ES}\sin(\varphi_0 - \omega)e^{-\beta_1\omega}[\beta_1 M_0(\cos\beta_1\omega - \sin\beta_1\omega) + \\
\qquad R_1 Q_0\sin\varphi_0\cos\beta_1\omega] \\
\vartheta = -\dfrac{2\beta_1^2}{ES}e^{-\beta_1\omega}\left[\dfrac{2\beta_1}{R_1}M_0\cos\beta_1\omega + Q_0\sin\varphi_0(\cos\beta_1\omega + \sin\beta_1\omega)\right]
\end{cases}
\tag{2-36}
$$

式中，Q_0 为横剪力，而 $4\beta_1^2 = \dfrac{ESR_1^2}{D}$，即 $\beta_1 = \sqrt[4]{3(1-\mu^2)}\sqrt{\dfrac{R_1}{S}}$，当 $\mu = 0.3$ 时，$\beta_1 = 1.285\sqrt{\dfrac{R_1}{S}}$。在工程上其边界效应的作用范围为

$$\overline{\omega} = \frac{\pi}{\beta_1} = 2.5\sqrt{\frac{S}{R_1}} \quad \text{（弧度）}$$

2.5 边缘应力

2.5.1 边缘应力产生的原因

工程实际中的壳体结构，绝大部分都是由几种简单的壳体组合连接而成的，两个元件连接处的平行圆称为连接边缘。在两壳体连接处，若把两壳体作为自由体，即在内压作用下自由变形，在连接处的薄膜位移和转角一般不相等，而实际上这两个壳体是

连接在一起的，即两壳体在连接处的位移和转角必须相等。这样在两个壳体连接处附近形成一种约束，迫使连接处壳体发生局部的弯曲变形，由于这种变形的原因，在连接边缘就产生了抵抗这种变形的局部应力，使这一区域的总应力增大。现以半球壳与圆柱壳连接的组合壳为例说明。

在内压作用下的半球壳和圆柱壳连接边缘处沿平行圆切开，两壳体各自的薄膜变形如图 2-26 所示。

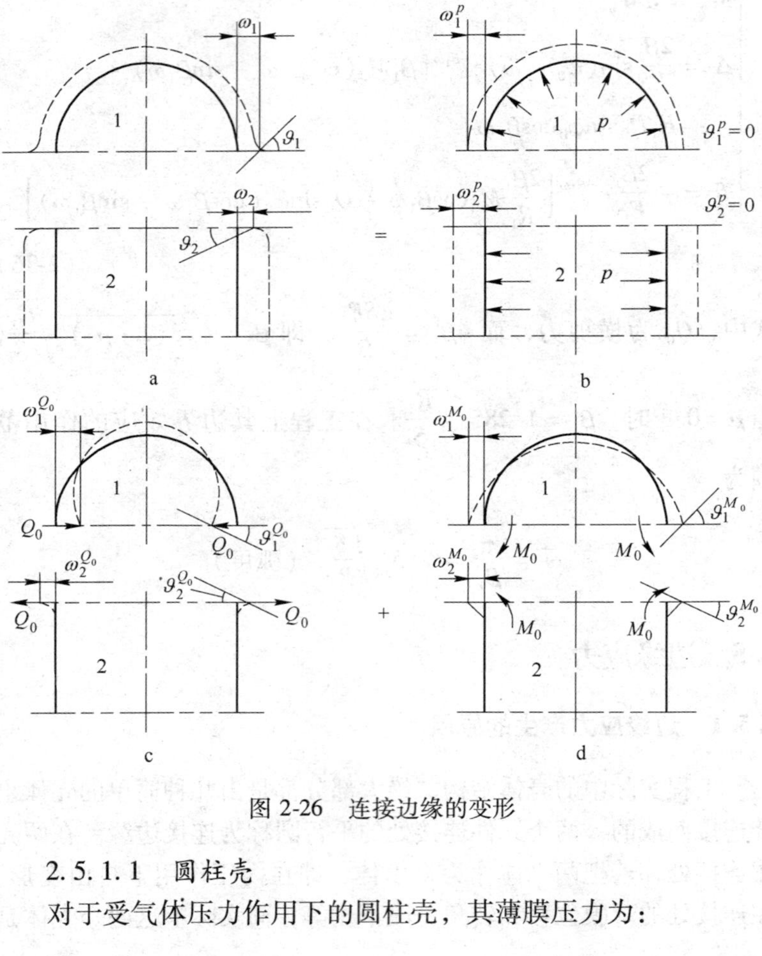

图 2-26　连接边缘的变形

2.5.1.1　圆柱壳

对于受气体压力作用下的圆柱壳，其薄膜压力为：

$$\sigma_\varphi = \frac{pR}{2S}$$

$$\sigma_\theta = \frac{pR}{S}$$

应变为：

$$\varepsilon_\varphi = \frac{1}{E}(\sigma_\varphi - \mu\sigma_\theta) = (1 - 2\mu)\frac{pR}{2ES}$$

$$\varepsilon_\theta = \frac{1}{E}(\sigma_\theta - \mu\sigma_\varphi) = (2 - \mu)\frac{pR}{2ES}$$

对于圆柱壳，$r_1 = \infty$，$r_2 = R$，$\varphi = \frac{\pi}{2}$，$r_1 \mathrm{d}\varphi = \mathrm{d}x$，则求得壳体的径向和径向位移分别为：

$$u = \sin\varphi \int \frac{r_1 \varepsilon_\varphi - r_2 \varepsilon_\theta}{\sin\varphi} \mathrm{d}\varphi$$

$$= \int (r_1 \varepsilon_\varphi - r_2 \varepsilon_\theta) \frac{\mathrm{d}x}{r_1}$$

$$= \int \varepsilon_1 \mathrm{d}x = (1 - 2\mu)\frac{pR}{2ES}x$$

$$\omega = \cos\varphi \int \frac{r_1 \varepsilon_\varphi - r_2 \varepsilon_\theta}{\sin\varphi} \mathrm{d}\varphi - r_2 \varepsilon_\theta$$

$$= - r_2 \varepsilon_\theta = -(2 - \mu)\frac{pR^2}{2ES}$$

平行圆半径增量和径向转角分别为：

$$\Delta = -\omega,\ \vartheta = \frac{\mathrm{d}\omega}{\mathrm{d}x} = 0$$

2.5.1.2　球壳

对于受气体压力作用下的球壳，其薄膜压力为：

$$\sigma_\varphi = \sigma_\theta = \frac{pR}{2S}$$

应变为：

$$\varepsilon_{\varphi} = \varepsilon_{\theta} = (1 - 2\mu)\frac{pR}{2ES}$$

对于球壳，$r_1 = r_2 = R$，且 $\varepsilon_{\varphi} = \varepsilon_{\theta}$，可得：

$$u = \sin\varphi\int\frac{r_1\varepsilon_{\varphi} - r_2\varepsilon_{\theta}}{\sin\varphi}\mathrm{d}\varphi = 0$$

$$\omega = \cos\varphi\int\frac{r_1\varepsilon_{\varphi} - r_2\varepsilon_{\theta}}{\sin\varphi}\mathrm{d}\varphi - r_2\varepsilon_{\theta} = -r_2\varepsilon_{\theta} = -(1 - \mu)\frac{pR^2}{2ES}$$

$$\Delta = r\varepsilon_{\theta} = R\varepsilon_{\theta}\sin\varphi = (1 - \mu)\frac{pR^2}{2ES}\sin\varphi$$

$$\vartheta = \frac{1}{r_1}\left(u + \frac{\mathrm{d}\omega}{\mathrm{d}x}\right) = 0$$

对于球形封头，在 $\varphi = \frac{\pi}{2}$ 处平行圆半径增量为：

$$\Delta_1 = (1 - \mu)\frac{pR^2}{2ES}\sin\varphi = (1 - \mu)\frac{pR^2}{2ES}$$

对于圆柱壳，平行圆半径增量为：

$$\Delta_2 = (2 - \mu)\frac{pR^2}{2ES}$$

显然，如果让其自由变形，$|\Delta_1| < |\Delta_2|$，就会出现连接边缘的分离现象。实际上，连接边缘处壳体的各部分之间是相互连接的，其是相互约束的，为了约束上述自由变形，以保证连接边缘变形的连续性，因而在连接边缘处、在连接边缘的平行圆内产生相互作用的附加内力系：

Q_0 为作用在边缘单位长度上的横剪力；

P_0 为作用在边缘单位长度上的横推力；

M_0 为作用在边缘单位长度上的边缘弯矩。

边缘力系是自平衡力系。

2.5.2 变形协调方程

边缘变形的连续性就是要保持连接边缘不分离，即连接边缘两侧的变形总量应该相等。通过分析可知：连接边缘两侧壳体的薄膜变形是不等的，由于薄膜变形不相等，所以产生边缘应力。边缘应力产生的变形和薄膜变形取得协调，保持边缘两侧的变形总量相等，则可以达到连接边缘不分离，由此建立起边缘变形的连续性方程。

如图 2-26 所示，变形连续性条件：

$$w_1 = w_2,\ \vartheta_1 = \vartheta_2$$

即弯曲变形与薄膜变形叠加后，两部分壳体在连接处的总变形量一定相等，可写出边缘变形的变形协调方程（又称连续性方程）为：

$$w_1^p + w_1^{Q_0} + w_1^{M_0} = w_2^p + w_2^{Q_0} + w_2^{M_0}$$

$$\vartheta_1^p + \vartheta_1^{Q_0} + \vartheta_1^{M_0} = \vartheta_2^p + \vartheta_2^{Q_0} + \vartheta_2^{M_0}$$

式中，w^p、w^{Q_0}、w^{M_0} 及 ϑ^p、ϑ^{Q_0}、$\vartheta\theta^{M_0}$ 分别表示 p、Q_0、M_0 在壳体连接处产生的平行圆径向位移和经线转角。

2.5.3 应力计算

2.5.3.1 应力的组成

圆筒壳体弯曲问题中的应力由两部分组成：

一部分是薄膜内力引起的薄膜应力，应力沿厚度呈均匀分布，即壳体的无力矩理论的解。它是由于外载荷所产生而必须满足内部和外部的力和力矩的平衡关系的应力，随外载荷的增大而增大，因此，当它超过材料屈服点时就能导致材料的破坏或大面积变形。

另一部分是弯曲应力，即沿厚度呈线性分布的正应力和抛物线分布的横向剪应力，即在两壳体连接边缘处切开后，自由边界上受到的边缘力和边缘力矩作用时的有力矩理论的弯曲解，它是由于相邻部分材料的约束或结构自身约束所产生的应力。因此，它超过材料屈服点时就产生局部屈服或较小的变形，连接边缘处壳体不同的变形就可协调，从而得到一个较有利的应力分布结果。

将上述两种解迭加后就可以得到保持组合壳总体结构连续的最终解。

2.5.3.2 应力的计算

应力计算步骤：

（1）根据变形协调方程求出 Q_0、M_0；

（2）将 Q_0、M_0 代入式（2-31）求出 w 通解；

（3）利用式（2-29）特解和式（2-31）的通解求出式(2-28)解，即圆柱壳轴对称弯曲问题的微分方程式解；

（4）将 w 解代入式（2-25）求出 N_x、N_θ、M_x、M_θ、Q_x 各内力分量；

（5）求圆筒壳体轴对称弯曲的应力，按式（2-37）计算，即：

$$\begin{cases} \sigma_x^{\mathrm{M}} = \dfrac{N_x}{S} \pm \dfrac{12M_x}{S^3}z \\ \sigma_\theta^{\mathrm{M}} = \dfrac{N_\theta}{S} \pm \dfrac{12M_\theta}{S^3}z \\ \sigma_z^{\mathrm{M}} = 0 \\ \tau_x^{\mathrm{M}} = \dfrac{6Q_x}{S^3}\left(\dfrac{S^2}{4} - z^2\right) \end{cases} \tag{2-37}$$

（6）最大弯曲应力。正应力的最大值在壳体的表面上（$z=\pm S/2$），横向剪应力的最大值发生在壳体的中面上（$z=0$），即

$$\begin{cases} (\sigma_x)_{\max}^{\mathrm{M}} = \dfrac{N_x}{S} \pm \dfrac{6M_x}{S^2} \\ (\sigma_\theta)_{\max}^{\mathrm{M}} = \dfrac{N_\theta}{S} \pm \dfrac{6M_\theta}{S^2} \\ (\tau_x)_{\max}^{\mathrm{M}} = \dfrac{3Q_x}{2S} \end{cases} \tag{2-38}$$

（7）总应力。薄膜解与弯曲解叠加可以计算容器连接边缘附近的总应力。薄膜应力按无力矩理论进行计算；边缘弯曲的各项应力计算，即先求 Q_0、M_0，进而求内力和内力矩，再计算弯曲应力。即：

$$\begin{cases}\Sigma\sigma_x = \sigma_x^{\mathrm{p}} + \sigma_x^{\mathrm{M}} \\ \Sigma\sigma_\theta = \sigma_\theta^{\mathrm{p}} + \sigma_\theta^{\mathrm{M}}\end{cases} \tag{2-39}$$

式中，σ_x^{p} 和 $\sigma_\theta^{\mathrm{p}}$ 表示内压 p 产生的薄膜应力，σ_x^{M}、$\sigma_\theta^{\mathrm{M}}$ 为边缘力 Q_0、M_0 产生的弯曲应力。

在壳体的表面上（$z = \pm S/2$）产生最大正应力：

$$\Sigma\sigma_x = \sigma_x^{\mathrm{p}} + \sigma_x^{\mathrm{M}} = \frac{pR}{2} \pm \frac{6M_x}{S^2}$$

$$\Sigma\sigma_\theta = \sigma_\theta^{\mathrm{p}} + \sigma_\theta^{\mathrm{M}} = \frac{pR}{S} + \frac{N_\theta}{S} \pm \frac{6M_\theta}{S^2}$$

2.5.4 边缘应力的应用

2.5.4.1 半球形封头与圆筒体连接的边缘应力

A 求解边缘载荷 Q_0、M_0

如图 2-27 所示，设内压为 p，筒体与封头的半径为 R，二者

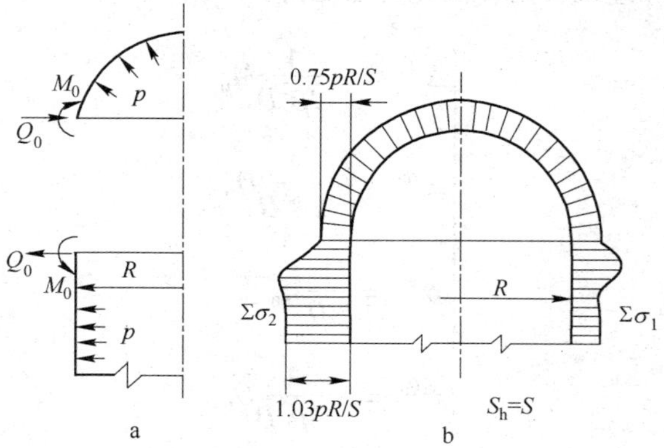

图 2-27 半球形封头与筒体的连接

壁厚均为 S。

a　薄膜变形

在 p 作用下，圆筒和半球的平行圆径向位移和转角如下：

圆筒　　$\Delta_1^p = -\dfrac{pR^2}{2ES}(2-\mu) \quad \vartheta_1^p = 0$

球壳　　$\Delta_2^p = -\dfrac{pR^2}{2ES}(1-\mu) \quad \vartheta_2^p = 0$

如取 $\mu = 0.3$，则 $\Delta_1^p/\Delta_2^p = 2.43$，说明同样厚度的圆筒壳是球壳膨胀的 2.43 倍，显然，二者平行圆径向位移是不连续的，因而产生边缘 Q_0 和边缘力矩 M_0 已达到变形的协调。

b　弯曲变形

由式（2-33），最大的挠度发生在 $x=0$ 的边缘上，此处的 ω 和 ϑ 有如下关系：

$$\begin{cases}(\omega)_{x=0} = -\dfrac{1}{2\beta^2 D}M_0 + \dfrac{1}{2\beta^3 D}Q_0 \\ \vartheta = \left(\dfrac{\mathrm{d}\omega}{\mathrm{d}x}\right)_{x=0} = \dfrac{1}{\beta D}M_0 - \dfrac{1}{2\beta^2 D}Q_0\end{cases} \tag{2-40}$$

上述两式中的 Δ 和 ϑ 即为 M_0 和 Q_0 在连接处引起的平行圆径向位移和经线转角，因此可改写为：

$$\begin{cases}\Delta^{M_0} = -\dfrac{1}{2\beta^2 D}M_0 \\ \Delta^{Q_0} = -\dfrac{1}{2\beta^3 D}Q_0 \\ \vartheta^{M_0} = \dfrac{1}{\beta D}M_0 \\ \vartheta^{Q_0} = -\dfrac{1}{2\beta^2 D}Q_0\end{cases} \tag{2-41}$$

由此，根据变形协调方程可得到：

$$\begin{cases} -\dfrac{pR^2}{2Et}(2-\mu) - \dfrac{M_0}{2\beta^2 D} + \dfrac{Q_0}{2\beta^3 D} = -\dfrac{pR^2}{2Et}(1-\mu) - \dfrac{M_0}{2\beta^2 D} - \dfrac{Q_0}{2\beta^2 D} \\ \dfrac{M_0}{\beta D} - \dfrac{Q_0}{2\beta^2 D} = -\dfrac{M_0}{\beta D} - \dfrac{Q_0}{2\beta^2 D} \end{cases}$$

解上列二元一次方程组，得：

$$\begin{cases} M_0 = 0 \\ Q_0 = \dfrac{p}{8\beta} \end{cases} \tag{2-42}$$

B　计算内力与应力

将上述求得的 Q_0、M_0 代入式（2-35）即可算出内力。取$\mu = 0.3$，于是 $\beta = \dfrac{1.285}{R}\sqrt{\dfrac{R}{t}}$，圆筒中的边缘内力为：

$$\begin{cases} N_\theta = -2\beta R Q_0 e^{-\beta x}\cos\beta x = -\dfrac{pR}{4}e^{-\beta x}\cos\beta x \\ M_x = -\dfrac{p}{8\beta^2}e^{-\beta x}\sin\beta x = -0.0757pRte^{-\beta x}\sin\beta x \\ M_\theta = \mu M_x \end{cases} \tag{2-43}$$

因此圆筒中的应力

$$\begin{cases} \Sigma\sigma_{1x} = \sigma_{1x}^{p} + \sigma_{1x}^{M} = \dfrac{pR}{2S} \pm 0.454\dfrac{pR}{S}e^{-\beta x}\sin\beta x \\ \Sigma\sigma_{1\theta} = \sigma_{1\theta}^{p} + \sigma_{1\theta}^{N} + \sigma_{\theta}^{M} \\ \qquad = \dfrac{pR}{2S} - 0.25\dfrac{pR}{S}e^{-\beta x}\cos\beta x \pm 0.136\dfrac{pR}{S}e^{-\beta x}\sin\beta x \end{cases}$$

取 $\dfrac{d}{dx}(\Sigma\sigma_{1x}) = 0$ 和 $\dfrac{d}{dx}(\Sigma\sigma_{1\theta}) = 0$，得出

$$(\Sigma\sigma_{1x})_{max} = 0.646\frac{pR}{S} \quad （在 \beta x = \frac{\pi}{4} 处,外表面）$$

$$(\Sigma\sigma_{1\theta})_{max} = 1.031\frac{pR}{S} \quad （在 \beta x = 1.85 处,外表面）$$

对于半球壳在边缘载荷作用下的弯曲解和应力，略。

2.5.4.2 球面形封头与圆筒连接的边缘应力

如图 2-28 所示，一球面形封头与圆筒相连接。对于连接边缘无公切线的壳体，沿边缘平行圆截取分离体时，在分离体边缘上将出现附加的横推力。

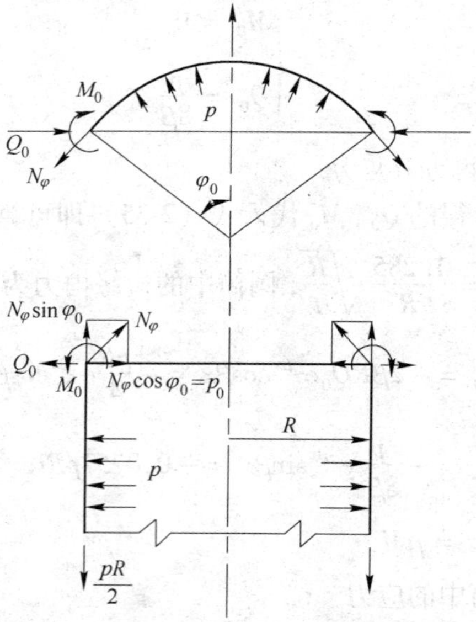

图 2-28 壳体连接边缘的横推力

对于球面形封头来说，除了在边缘上作用有边缘力力系 Q_0 和 M_0 外，还作用有径向内力 N_φ，使之球壳所受的表面载荷 p 相平衡。

对圆柱壳来说，除了在边缘上作用有与封头相对应的 Q_0 和 M_0 外，根据作用和反作用原理，在边缘上还作用有反力 N_φ。将 N_φ 分解为垂直分量 $N_\varphi \sin\varphi_0$ 及水平分量 $N_\varphi \cos\varphi_0 = p_0$。由区域平衡可知，$N_\varphi \sin\varphi_0$ 与圆柱壳的轴向内力$\frac{pR}{2}$相平衡；而 $p_0 = N_\varphi \cos\varphi_0$ 则形成一附加于圆柱壳边缘上的径向自平衡力，称为横推力 p_0，显然，它是一个已知的边缘力，即球面形封头径向力反力的水平分量，方向和大小均为已知，它所产生的变形已包括在薄膜变形之内，故在建立连续性方程时，予以扣除。

这样，我们在求球面形封头的弯曲解时，仍用 Q_0 和 M_0；而对于与之相连接的圆柱壳，在求解变形协调方程以及随后求解圆柱壳的边缘应力时，除 M_0 外，应以 Q_0 与 p_0 的合力进行计算，如 p_0 与所设的 Q_0 方向相同，则应用 Q_0+p_0，反之用 Q_0-p_0。

横推力的存在将使壳体的边缘应力显著增大，故对于重要的压力容器，应尽可能采用有公切线过渡的壳体结构，如用半球形封头，或有折边的封头与筒体连接，则不会存在横推力。

2.5.5 不连续应力的特性及处理方法

2.5.5.1 不连续应力的特性

A 局部性

不同结构的组合壳，在连接边缘处有不同的边缘应力，有的边缘效应显著，其应力可达到很大的数值，但它们都有一个共同特性，即影响范围很小，这些应力只存在于连接处附近的局部区域。这种性质称为不连续应力的局部性。例如，受边缘力和力矩作用的圆柱壳，衰减函数 $e^{-\beta x}$ 与不同的三角函数的乘积为其随 βx 的变化曲线，由曲线可见，边界效应具有明显的衰减特性。当经过一个周期（2π）以后，即距离边缘超过$\dfrac{2\pi}{\beta}$处，边界效应已趋近于零；在距离$\dfrac{\pi}{\beta}$处，实际上已衰减大部分。因此，对于钢制圆柱壳，在工程上其边界效应的作用范围一般限于：$x=\dfrac{\pi}{\beta}=2.5\sqrt{RS}$。因此，随着离边缘距离 x 的增加，各内力呈指数函数迅速衰减以致消失。

B 自限性

不连续应力的另一个特性是自限性。边缘应力是由于相邻壳体在连接处的薄膜变形不相等，两壳体连接边缘的变形受到弹性约束所致，因此对于用塑性材料制造的壳体，当连接边缘的局部区产生塑性变形，这种弹性约束就开始缓解，变形不会连续发展，边缘应力也自动限制，这种性质称为不连续应力的自限性。

2.5.5.2　不连续应力在工程问题中的处理方法

由于不连续应力具有局部性和自限性，对于受静载荷作用的塑性材料壳体，在设计中一般不作具体计算，仅采取结构上作局部处理的办法来限制其应力水平。但对于脆性材料壳体、经受疲劳载荷或低温的壳体等，过高的不连续应力可能导致壳体的疲劳失效或脆性破坏，因而在设计中应按有关规定计算并限制不连续应力。

3 厚壁圆筒的力学分析

3.1 厚壁问题

厚壁圆筒,即圆筒的外直径与内直径之比大于1.2($D_o/D_i >$ 1.2)。在工程实际中，承受高温高压，某些设备器壁厚度较大的容器都属于此类，例如，合成尿素、油类加氢及压水反应堆等工程中使用的容器。

与薄壁圆筒相比，承受压力和温度载荷作用时，厚壁圆筒所产生的应力具有如下特点：

(1) 不仅有经向应力和周向应力，还应考虑径向应力，是三向应力状态；

(2) 周向应力和径向应力沿壁厚不是均匀分布,出现应力梯度；

(3) 内外壁间的温差加大，产生的热应力相应增大，应考虑器壁中的热应力。

因此，厚壁圆筒与薄壁圆筒的应力分析方法不同。厚壁圆筒有单层式和组合式两大类。

3.2 厚壁圆筒的弹性应力分析

3.2.1 厚壁圆筒的空间轴对称问题

承受内压为 p_i、外压为 p_o 的厚壁圆柱形筒体，如图3-1所示的内半径为 R_i，外半径为 R_o。筒体的几何形状、载荷、支撑情况均对称于中心轴，这类问题称为空间轴对称问题。对于空

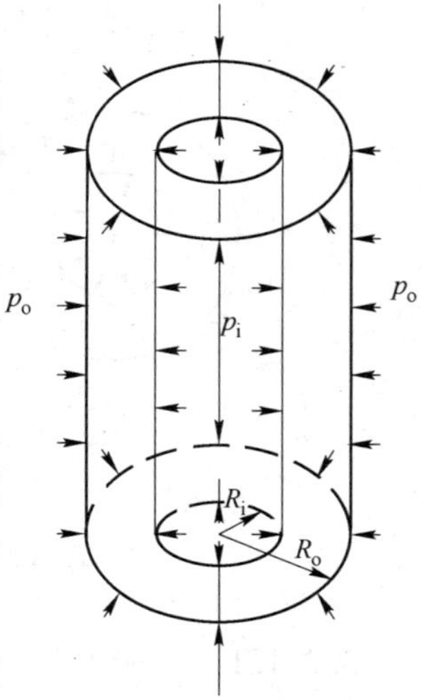

图3-1 厚壁圆柱形容器

间轴对称问题的分析，采用圆柱坐标系（r，θ，z），以厚壁圆筒的对称轴为 z 轴，所有的应力分量、应变分量和位移分量都将只是 r 和 z 的函数，不随 θ 而变。

在圆柱坐标系中，厚壁圆筒内任一点 P 的坐标位置，用该点到坐标原点 O 的距离 r、z 及 r 方向与 x 轴之间的夹角 θ 来表示。在 P 点处用两个相距 dr 的两个同心圆柱面、互成 dθ 角的两个相邻纵截面及相距 dz 的两个水平面截取一个微小扇形六面体，如图 3-2 所示。

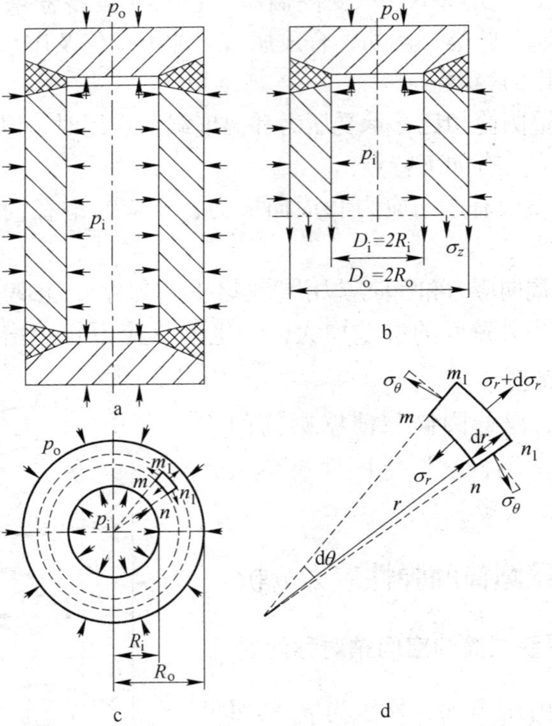

图 3-2 厚壁圆筒中的应力

3.2.1.1 平衡方程

微元体上受力情况如图 3-3 所示，微元体上沿 r、θ 和 z 方向

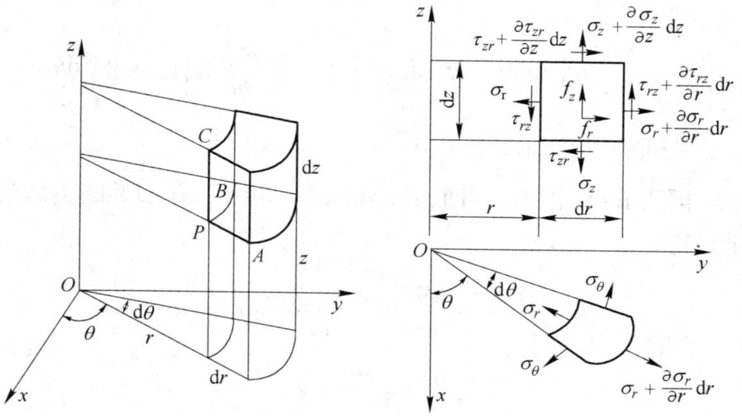

图 3-3　厚壁圆筒的受力分析

a—厚壁圆筒中微元体；b—微元体受力图

作用的体力分量分别称为径向体力分量、环向体力分量和轴向体力分量，以f_r、f_θ 和f_z 表示。各个面上的应力沿 r 方向的正应力称为径向应力，以 σ_r 表示；沿 θ 方向的正应力称为环向应力或周向应力，以 σ_θ 表示；沿 z 方向的正应力称为轴向应力，以 σ_z 表示；切应力以 $\tau_{r\theta}$ 、$\tau_{z\theta}$ 、τ_{rz} 表示（根据切应力互等定理 $\tau_{\theta r} = \tau_{r\theta}$，$\tau_{\theta z} = \tau_{z\theta}$）。由于轴对称，$f_\theta = 0$、$\tau_{r\theta} = 0$、$\tau_{z\theta} = 0$ ，于是 P 点处独立的应力分量只有四个，即 σ_r、σ_θ、σ_z、τ_{rz} 。由这四个应力分量可完全确定该点处的应力状态。各应力分量的正负号规定和在直角坐标系中的一样，即在正面上的应力分量以沿坐标轴正向为正，沿坐标轴负向为负；在负面上的应力分量以沿坐标轴负向为正，沿坐标轴正向为负。根据平衡条件，由于轴对称，沿 θ 方向微元体上力的平衡得到自动满足，只研究沿 r 和 z 方向上投影的平衡方程。

$\Sigma F_r = 0$

$$\left(\sigma_r + \frac{\partial \sigma_r}{\partial r}\mathrm{d}r\right)(r + \mathrm{d}r)\mathrm{d}\theta\mathrm{d}z - \sigma_r \mathrm{d}\theta\mathrm{d}z - 2\sigma_\theta \mathrm{d}r\mathrm{d}z\sin\frac{\mathrm{d}\theta}{2} +$$

$$\left(\tau_{zr} + \frac{\partial \tau_{zr}}{\partial z}\mathrm{d}z\right)r\mathrm{d}r\mathrm{d}\theta - \tau_{zr}r\mathrm{d}r\mathrm{d}\theta + f_r r\mathrm{d}r\mathrm{d}\theta\mathrm{d}z = 0$$

$\Sigma F_z = 0$

$$\left(\sigma_z + \frac{\partial \sigma_z}{\partial z}\mathrm{d}z\right) r\mathrm{d}\theta\mathrm{d}r - \sigma_z r\mathrm{d}\theta\mathrm{d}r + \left(\tau_{rz} + \frac{\partial \tau_{rz}}{\partial r}\mathrm{d}r\right)(r + \mathrm{d}r)\mathrm{d}\theta\mathrm{d}z -$$

$$\tau_{rz} r\mathrm{d}\theta\mathrm{d}z + f_z r\mathrm{d}r\mathrm{d}\theta\mathrm{d}z = 0$$

因为 $\mathrm{d}\theta$ 值很小，可取 $\sin(\mathrm{d}\theta/2) \approx \mathrm{d}\theta/2$，化简并略去高阶微量，得

$$\begin{cases} \dfrac{\partial \sigma_r}{\partial r} + \dfrac{\partial \tau_{zr}}{\partial z} + \dfrac{\sigma_r - \sigma_\theta}{r} + f_r = 0 \\ \dfrac{\partial \sigma_z}{\partial z} + \dfrac{\partial \tau_{rz}}{\partial r} + \dfrac{\tau_{rz}}{r} + f_z = 0 \end{cases} \tag{3-1}$$

式（3-1）为空间轴对称问题的平衡微分方程，两个方程含有四个未知数 σ_r、σ_θ、σ_z、τ_{rz}，需要寻找补充方程。

3.2.1.2　几何方程

由于轴对称，在 r-z 平面内既有线应变，又有切应变，而在其他两个平面 r-θ、θ-z 面内没有切应变，只有线应变。

在 r-z 平面内，沿 r 和 z 方向取微小长度 $PA = \mathrm{d}r$，$PC = \mathrm{d}z$。假设变形后，P、A、C 分别移动到 P'、A'、C'。P 点移动到 P' 点的位移分量为 u、w，其中 u 为沿 r 方向的位移分量，w 为沿 z 方向的位移分量；v 为沿 θ 方向的位移分量。A 点移动到 A'点的位移分量为 $u + \frac{\partial u}{\partial r}\mathrm{d}r$，$w + \frac{\partial w}{\partial r}\mathrm{d}r$；$C$ 点移动到 C'点的位移分量为 $u + \frac{\partial u}{\partial z}\mathrm{d}z$，$w + \frac{\partial w}{\partial z}\mathrm{d}z$；微元线段 PA 移动到 $P'A'$的转角为 β_1，PC 移动到 $P'C'$的转角为 β_2。如图 3-4a 所示。

由几何变形关系，可求得线段 PA 的线变形 ε_r 为：

$$\varepsilon_r = \frac{P'A' - PA}{PA} = \frac{\left(\mathrm{d}r + u + \frac{\partial u}{\partial r}\mathrm{d}r - u\right) - \mathrm{d}r}{\mathrm{d}r} = \frac{\partial u}{\partial r}$$

线段 PC 的线变形 ε_z 为：

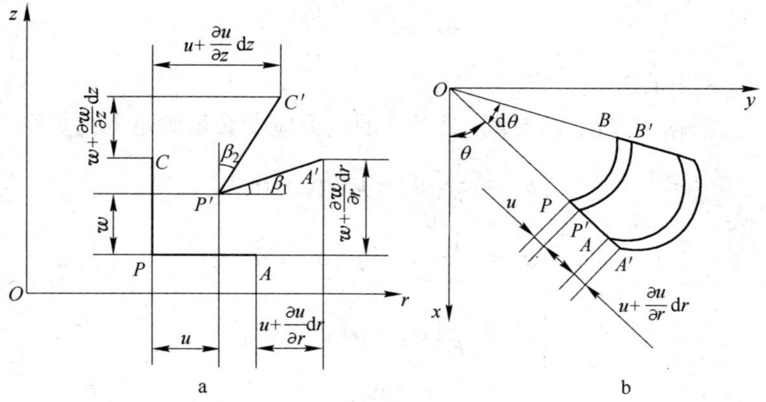

图 3-4　在圆柱坐标中的位移

a—r-z 平面；b—r-θ 平面

$$\varepsilon_z = \frac{P'C' - PC}{PC} = \frac{\left(\mathrm{d}z + w + \frac{\partial w}{\partial z}\mathrm{d}z - w\right) - \mathrm{d}z}{\mathrm{d}z} = \frac{\partial w}{\partial z}$$

PA 和 PC 间的直角变化，即切应变 γ_{rz} 为：

$$\gamma_{rz} = \beta_1 + \beta_2 = \frac{\partial w}{\partial r} + \frac{\partial u}{\partial z}$$

在 r-θ 的平面内，沿 r 和 θ 方向取微元线段 $PA = \mathrm{d}r$，$PB = r\mathrm{d}\theta$，变形后，P、A、B 分别移动到 P'、A'、B'。由于对称性，P 点和 B 点移动到 P' 点和 B' 点的位移分量均为 u，A 点移动到 A' 点的位移分量为 $u + \frac{\partial u}{\partial r}\mathrm{d}r$，如图 3-4b 所示，得：

$$\varepsilon_\theta = \frac{P'B' - PB}{PB} = \frac{(r + u)\mathrm{d}\theta - r\mathrm{d}\theta}{r\mathrm{d}\theta} = \frac{u}{r}$$

由此，空间轴对称的几何方程为：

$$\varepsilon_r = \frac{\partial u}{\partial r}$$

$$\varepsilon_\theta = \frac{u}{r}$$

$$\varepsilon_z = \frac{\partial w}{\partial r}$$

$$\gamma_{rz} = \frac{\partial w}{\partial r} + \frac{\partial u}{\partial z} \tag{3-2}$$

3.2.1.3 物理方程

根据广义胡克定律，微元体的应力应变必须满足下列关系

$$\begin{cases} \varepsilon_r = \dfrac{1}{E}[\sigma_r - \mu(\sigma_\theta + \sigma_z)] \\ \varepsilon_\theta = \dfrac{1}{E}[\sigma_\theta - \mu(\sigma_r + \sigma_z)] \\ \varepsilon_z = \dfrac{1}{E}[\sigma_z - \mu(\sigma_r + \sigma_\theta)] \\ \gamma_{zr} = \dfrac{2(1+\mu)}{E}\tau_{zr} \end{cases} \tag{3-3}$$

或写成

$$\begin{cases} \sigma_r = \dfrac{E}{1+\mu}\left(\varepsilon_r + \dfrac{\mu}{1-2\mu}e\right) \\ \sigma_\theta = \dfrac{E}{1+\mu}\left(\varepsilon_\theta + \dfrac{\mu}{1-2\mu}e\right) \\ \sigma_z = \dfrac{E}{1+\mu}\left(\varepsilon_z + \dfrac{\mu}{1-2\mu}e\right) \\ \tau_{zr} = \dfrac{E}{2(1+\mu)}\gamma_{zr} \end{cases} \tag{3-4}$$

式中，$e = \varepsilon_r + \varepsilon_\theta + \varepsilon_z$ 为体变形。

综上所述，空间轴对称问题共十个基本方程，即两个平衡方程，四个几何方程和四个物理方程，求解十个未知数，即四个应力分量 σ_r、σ_θ、σ_z、τ_{rz}，四个应变分量 ε_r、ε_θ、ε_z、γ_{zr} 和两个位移分量 u、w。

3.2.2 承受均匀内、外压厚壁圆筒轴对称问题

3.2.2.1 基本方程

对于承受均匀内压 p_i、外压 p_o 的厚壁圆筒，圆筒的内半径和外半径分别为 R_i、R_o，任意点的半径为 r。以轴线为 z 轴建立

圆柱坐标，其坐标为（r，θ，z），圆筒受三向应力作用。

在不计体力情况下，由于厚壁筒的几何形状和所受载荷都是轴对称，且沿 z 轴方向保持不变，筒体的几何形状、载荷、支承情况沿 z 轴没有变化，所有垂直于轴线的横截面在变形后仍保持为平面，则 $\tau_{zr}=0, \gamma_{zr}=0$，即 u 只决定于 r，ω 只决定于 z。因此在单元体上只有正应力 σ_r、σ_θ、σ_z，而无剪应力作用。又由于厚壁筒的约束通常也是轴对称的，故周向位移 $v=0$。这样正应力 σ_r、σ_θ、σ_z 和径向位移 u 的值均与坐标 θ 和 z 无关，而只是坐标 r 的函数，且 $\sigma_z=$ 常数。在圆柱坐标中，周向应力 σ_θ 和径向应力 σ_r 只是径向坐标 r 的函数，即 $\sigma=\sigma(r, \theta, z)=\sigma(r)$。应力分析就是要确定 σ_θ 和 σ_r 与 r 之间的关系。

微元体如图 3-2 所示，由 r、$r+\mathrm{d}r$、θ、$\theta+\mathrm{d}\theta$、z、$z+\mathrm{d}z$ 组成微元体。微元体各个面上的应力如下：在 mm_1 和 nn_1 面上的环向应力均为 σ_θ；在半径为 r 的 mn 面上，径向应力为 σ_r；在半径为 $r+\mathrm{d}r$ 的 m_1n_1 面上径向应力为 $\sigma_r+\mathrm{d}\sigma_r$。

A　平衡方程

如图 3-5 所示，由微元体在半径 r 方向上的力平衡关系，即 $\Sigma F_r=0$，得：

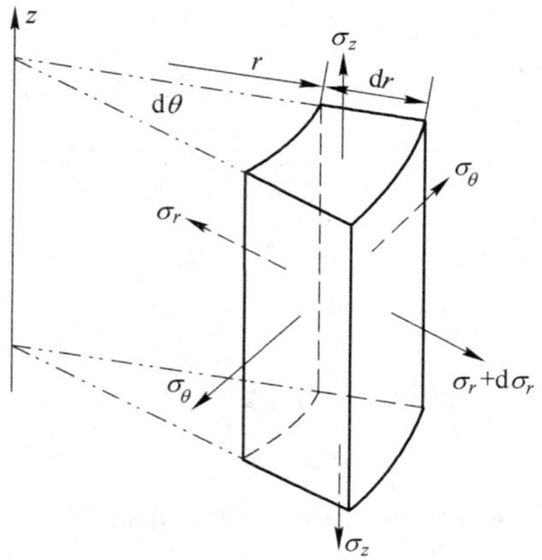

图 3-5　微元体受力

$$(\sigma_r + d\sigma_r)(r + dr)d\theta dz - \sigma_r r d\theta dz - 2\sigma_\theta dr \sin\frac{\theta}{2}dz = 0$$

因 $d\theta$ 极小，故 $\sin\frac{d\theta}{2}\approx\frac{d\theta}{2}$，再略去高阶微量 $d\sigma_r dr$，上式可简化为

$$\sigma_\theta - \sigma_r = r\frac{d\sigma_r}{dr}$$

即：

$$\begin{cases}\dfrac{d\sigma_r}{dr} + \dfrac{\sigma_r - \sigma_\theta}{r} = 0\\ \dfrac{d\sigma_z}{dz} = 0\end{cases} \tag{3-5}$$

这就是微元体的平衡方程。式中有两个未知数，是无法求解的，所以还必须建立补充方程，这就得借助于几何方程和物理方程。

B　几何方程

几何方程就是微元体的位移与其应变之间的关系。由于结构和受力的对称性，横截面上各点只是在原来所在的半径上发生径向位移，即 $u\neq0$，$v = w = 0$。于是，微元体各面位移如图 3-6 所示。

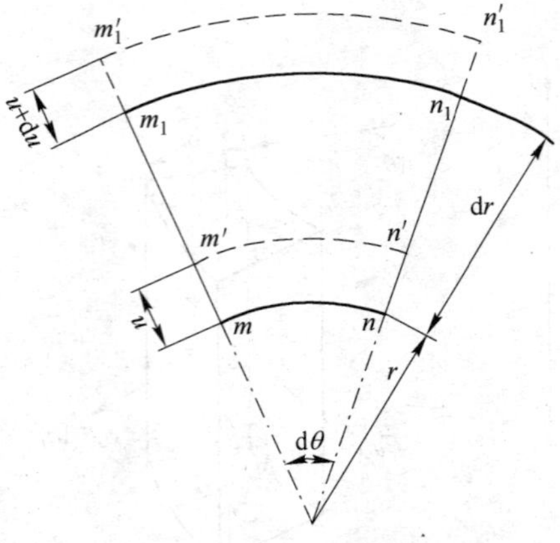

图 3-6　厚壁圆筒中微元体的位移

图中 mm_1n_1n 为变形前的位置，$m'm_1'n'_1n'$ 为变形后的位置。

若半径为 r 的 mn 面之径向位移为 u，则半径为 $r+\mathrm{d}r$ 的 m_1n_1 面之径向位移为 $u+\mathrm{d}u$。根据应变的定义，可导出应变的表达式

径向应变

$$\varepsilon_r = \frac{(u+\mathrm{d}u)-u}{\mathrm{d}r} = \frac{\mathrm{d}u}{\mathrm{d}r} \tag{3-6}$$

周向应变

$$\varepsilon_\theta = \frac{(r+u)\mathrm{d}\theta - r\mathrm{d}\theta}{r\mathrm{d}\theta} = \frac{u}{r} \tag{3-7}$$

轴向应变

$$\varepsilon_z = \frac{\mathrm{d}w}{\mathrm{d}z} \tag{3-8}$$

即为微元体的几何方程。它表明 ε_r、ε_θ 都是径向位移 u 的函数，因而二者是相互联系的。对式（3-7）求导并变换可得

$$\frac{\mathrm{d}\varepsilon_\theta}{\mathrm{d}r} = \frac{1}{r}(\varepsilon_r - \varepsilon_\theta) \tag{3-9}$$

此方程称为应变表示的变形协调方程。它表明微元体的应变不能是任意的，而是相互联系的，也即必须满足上述变形协调方程。

C 物理方程

按广义胡克定律，在弹性范围内，微元体的应力与应变关系必须满足下列关系：

$$\begin{aligned} \varepsilon_r &= \frac{1}{E}[\sigma_r - \mu(\sigma_\theta + \sigma_z)] \\ \varepsilon_\theta &= \frac{1}{E}[\sigma_\theta - \mu(\sigma_r + \sigma_z)] \end{aligned} \tag{3-10}$$

这就是物理方程。

由式（3-10）得：

$$\varepsilon_r - \varepsilon_\theta = \frac{1+\mu}{E}(\sigma_r - \sigma_\theta) \tag{3-11}$$

$$\frac{\mathrm{d}\varepsilon_\theta}{\mathrm{d}r} = \frac{1}{E}\left(\frac{\mathrm{d}\sigma_\theta}{\mathrm{d}r} - \mu\frac{\mathrm{d}\sigma_r}{\mathrm{d}r}\right) \tag{3-12}$$

将式（3-11）、式（3-12）代入式（3-9），得：

$$\frac{\mathrm{d}\sigma_\theta}{\mathrm{d}r} - \mu\frac{\mathrm{d}\sigma_r}{\mathrm{d}r} = \frac{1+\mu}{r}(\sigma_r - \sigma_\theta) \tag{3-13}$$

此方程称为以应力表示的变形协调方程。

3.2.2.2 厚壁圆筒基本方程解

厚壁圆筒的应力、应变和位移分量求解一般有两种：位移法和应力法。

A 应力法

应力法是以应力变量作为基本未知量，必须满足以应力分量表示的平衡微分方程、变形协调方程及边界条件，才能保证物体是连续的，且解是唯一的。由此，变形协调方程是应力法求解的一组补充方程，仅在应力作为基本未知量求解时才需要用到它。求出应力分量后，可根据物理方程求出应变分量，再根据几何方程求得位移分量。

由以应力表示的变形协调方程得：

$$\frac{\mathrm{d}\sigma_\theta}{\mathrm{d}r} - \mu\frac{\mathrm{d}\sigma_r}{\mathrm{d}r} = \frac{1+\mu}{r}(\sigma_r - \sigma_\theta)$$

从式（3-5）中的第一式中求出 σ_θ 后，再代入式（3-13），整理得：

$$r\frac{\mathrm{d}^2\sigma_r}{\mathrm{d}r^2} + 3\frac{\mathrm{d}\sigma_r}{\mathrm{d}r} = 0$$

设 $$\frac{\mathrm{d}\sigma_r}{\mathrm{d}r} = y$$

所以 $$\frac{\mathrm{d}y}{\mathrm{d}r} + \frac{3}{r}y = 0$$

即是一个常系数非齐次线性方程。因为

$$\frac{\mathrm{d}y}{\mathrm{d}r} + \frac{3}{r}y = 0,\ \frac{\mathrm{d}y}{3y} = -\frac{\mathrm{d}r}{r},\ \int\frac{\mathrm{d}y}{3y} = -\int\frac{\mathrm{d}r}{r}$$

所以 $$\ln y = -3\ln r + c$$

且 $\ln yr^3 = c$，$yr^3 = e^c$

所以 $$y = r^{-3}\cdot e^c$$

又因为 $$\frac{d\sigma_r}{dr}=v$$

所以 $$\int d\sigma_r = e^c\int r^{-3}\cdot dr + c'$$

所以 $\sigma_r=\dfrac{e^c r^{-2}}{-2}+c'$，即为 σ_r 的通解。

将 σ_r 再代入式（3-5）中的第一式，得 σ_θ。

解的基本型为：

$$\sigma_r = A - \frac{B}{r^2},\ \sigma_\theta = A + \frac{B}{r^2} \tag{3-14}$$

边界条件：当 $r=R_i$ 时，$\sigma_r=-p_i$；当 $r=R_o$ 时，$\sigma_r=-p_o$。将边界条件代入式（3-14），解得积分常数 A 和 B 为

$$A=\frac{p_iR_i^2-p_oR_o^2}{R_o^2-R_i^2} \qquad B=\frac{(p_i-p_o)R_i^2R_o^2}{R_o^2-R_i^2}$$

将 A 与 B 代入式（3-14）中，便可得到 σ_r 和 σ_θ 的表达式。即：

周向应力 $$\sigma_\theta=\frac{p_iR_i^2-p_oR_o^2}{R_o^2-R_i^2}+\frac{(p_i-p_o)R_i^2R_o^2}{R_o^2-R_i^2}\frac{1}{r^2}$$

径向应力 $$\sigma_r=\frac{p_iR_i^2-p_oR_o^2}{R_o^2-R_i^2}-\frac{(p_i-p_o)R_i^2R_o^2}{R_o^2-R_i^2}\frac{1}{r^2} \tag{3-15}$$

轴向应力 $$\sigma_z=\frac{p_iR_i^2-p_oR_o^2}{R_o^2-R_i^2}$$

式（3-15）即 Lame 公式。

B　位移法

位移法是以位移分量作为基本未知量，必须满足以位移分量表示的平衡微分方程及边界条件。由于用位移法求解时自然满足变形协调方程，所以此法不必应用变形协调方程式。求出位移分量后，可以根据几何方程求出应变分量，再根据物理方程求得应力分量。

将几何方程式（3-6）、式（3-7）、式（3-8）代入物理方程式

$$
\begin{cases}
\sigma_r = \dfrac{E}{1+\mu}\left(\varepsilon_r + \dfrac{\mu}{1-2\mu}e\right) \\
\sigma_\theta = \dfrac{E}{1+\mu}\left(\varepsilon_\theta + \dfrac{\mu}{1-2\mu}e\right) \\
\sigma_z = \dfrac{E}{1+\mu}\left(\varepsilon_z + \dfrac{\mu}{1-2\mu}e\right)
\end{cases}
$$

中，得出用位移分量表示的物理方程

$$
\begin{cases}
\sigma_r = \dfrac{E}{1+\mu}\left(\dfrac{\mathrm{d}u}{\mathrm{d}r} + \dfrac{\mu}{1-2\mu}e\right) \\
\sigma_\theta = \dfrac{E}{1+\mu}\left(\dfrac{u}{r} + \dfrac{\mu}{1-2\mu}e\right) \\
\sigma_z = \dfrac{E}{1+\mu}\left(\dfrac{\mathrm{d}\omega}{\mathrm{d}z} + \dfrac{\mu}{1-2\mu}e\right)
\end{cases}
\tag{3-16}
$$

将式（3-16）代入平衡方程式（3-5），得

$$
\begin{cases}
\dfrac{\mathrm{d}^2u}{\mathrm{d}r^2} + \dfrac{1}{r}\dfrac{\mathrm{d}u}{\mathrm{d}r} - \dfrac{u}{r^2} = 0 \\
\dfrac{\mathrm{d}^2\omega}{\mathrm{d}z^2} = 0
\end{cases}
\tag{3-17}
$$

式（3-17）为受均匀内、外压的厚壁圆筒的基本微分方程。式中第一式为欧拉型的二阶线性齐次微分方程，它的通解为

$$
u = C_1 r + \frac{C_2}{r} \tag{3-18}
$$

式中，C_1、C_2为积分常数，将式（3-18）代入式（3-17）得到

$$
\begin{cases}
\sigma_r = C_3 - \dfrac{C_4}{r^2} \\
\sigma_\theta = C_3 + \dfrac{C_4}{r^2} \\
\sigma_z = 2\mu C_3 + E\varepsilon_z
\end{cases}
\tag{3-19}
$$

式中

$$
\begin{cases}
C_3 = \dfrac{E}{1+\mu}\dfrac{\mu\varepsilon_c + C_1}{1-2\mu} \\
C_4 = \dfrac{E}{1+\mu}C_2
\end{cases}
\tag{3-20}
$$

式中，C_3、C_4 为待定常数，由力边界条件确定；由式（3-17）中的第二式可知，$\varepsilon_z = \dfrac{\mathrm{d}\omega}{\mathrm{d}z}$ = 常量，取决于筒体的端部条件。

当厚壁圆筒同时承受均匀内压 p_i 和均匀外压 p_o 时，其边界条件为

$$
\begin{cases}
r = R_i, \sigma_r = -p_i \\
r = R_o, \sigma_r = -p_o
\end{cases}
$$

将边界条件代入式（3-19），得

$$
\begin{cases}
C_3 = \dfrac{R_i^2 p_i - R_o^2 p_o}{R_o^2 - R_i^2} \\
C_4 = \dfrac{R_i^2 R_o^2 (p_i - p_o)}{R_o^2 - R_i^2}
\end{cases}
$$

将值 C_3、C_4 代入式（3-19）得

$$
\sigma_r = \frac{R_i^2 p_i - R_o^2 p_o}{R_o^2 - R_i^2} - \frac{R_i^2 R_o^2 (p_i - p_o)}{(R_o^2 - R_i^2) r^2}
$$

$$
\sigma_\theta = \frac{R_i^2 p_i - R_o^2 p_o}{R_o^2 - R_i^2} + \frac{R_i^2 R_o^2 (p_i - p_o)}{(R_o^2 - R_i^2) r^2}
$$

此式亦即为拉美（Lame）方程。

3.2.2.3 厚壁圆筒径向位移

轴向应力、轴向应变 ε_z 和径向位移分量 u，根据端部支撑条件不同，其方式也不同。

A 两端开口（不封闭）的筒体

轴向变形无约束，轴向应力为零，即

$$\sigma_z = 0 \tag{3-21}$$

由式（3-19）的第三式及式（3-20），并代入 C_3、C_4 值，得

$$\begin{cases} \varepsilon_z = -\dfrac{2\mu}{E}C_3 = -\dfrac{2\mu}{E}\dfrac{R_i^2 p_i - R_o^2 p_o}{R_o^2 - R_i^2} \\ C_1 = \dfrac{1-\mu}{E}C_3 = \dfrac{1-\mu}{E}\dfrac{R_i^2 p_i - R_o^2 p_o}{R_o^2 - R_i^2} \\ C_2 = \dfrac{1+\mu}{E}C_4 = \dfrac{1+\mu}{E}\dfrac{R_i^2 R_o^2 (p_i - p_o)}{R_o^2 - R_i^2} \end{cases}$$

将 C_1、C_2 值代入式（3-18），得两端开口的厚壁圆筒的位移表达式

$$u = \frac{1-\mu}{E}\frac{(R_i^2 p_i - R_o^2 p_o) r}{R_o^2 - R_i^2} + \frac{1+\mu}{E}\frac{R_i^2 R_o^2 (p_i - p_o)}{(R_o^2 - R_i^2) r} \tag{3-22}$$

此种情况属于平面应力问题。式（3-22）仅表示平面应力状态下的位移分量表达式。

B　两端封闭的筒体（筒体端部有端盖）

轴向应力由轴向平衡条件 $\Sigma F_z = 0$ 求得，所以：

$$\pi(R_o^2 - R_i^2)\sigma_z = \pi R_i^2 p_i - \pi R_o^2 p_o$$

即

$$\sigma_z = \frac{R_i^2 p_i - R_o^2 p_o}{R_o^2 - R_i^2} = C_3 \tag{3-23}$$

由式(3-19)中的第三式和式(3-20),并代入 C_1、C_2 值,得

$$\begin{cases} \varepsilon_z = \dfrac{1-2\mu}{E}C_3 = \dfrac{1-2\mu}{E}\dfrac{R_i^2 p_i - R_o^2 p_o}{R_o^2 - R_i^2} \\ C_1 = \dfrac{1-2\mu}{E}C_3 = \dfrac{1-2\mu}{E}\dfrac{R_i^2 p_i - R_o^2 p_o}{R_o^2 - R_i^2} \\ C_2 = \dfrac{1+\mu}{E}C_4 = \dfrac{1+\mu}{E}\dfrac{R_i^2 R_o^2 (p_i - p_o)}{R_o^2 - R_i^2} \end{cases}$$

将 C_1、C_2 值代入式(3-18)，得两端封闭的厚壁圆筒的位移表达式

$$u = \frac{1-2\mu}{E}\frac{(R_i^2 p_i - R_o^2 p_o)r}{R_o^2 - R_i^2} + \frac{1+\mu}{E}\frac{R_i^2 R_o^2 (p_i - p_o)}{(R_o^2 - R_i^2)r} \qquad (3\text{-}24)$$

C 两端封闭同时受轴向刚性约束的筒体（高压管道或厚壁圆筒无限长）

轴向变形受到约束，轴向应力不为零，即

$$\varepsilon_z = 0$$

由式（3-19）中的第三式及式（3-20），代入 C_3、C_4 值，得

$$\sigma_z = 2\mu C_3 = 2\mu \frac{R_i^2 p_i - R_o^2 p_o}{R_o^2 - R_i^2}$$

$$\begin{cases} C_1 = \dfrac{(1-2\mu)(1+\mu)}{E} C_3 = \dfrac{(1-2\mu)(1+\mu)}{E}\dfrac{R_i^2 p_i - R_o^2 p_o}{R_o^2 - R_i^2} \\ C_2 = \dfrac{1+\mu}{E} C_4 = \dfrac{1+\mu}{E}\dfrac{R_i^2 R_o^2 (p_i - p_o)}{R_o^2 - R_i^2} \end{cases}$$

将 C_1、C_2 值代入式（3-18），得两端封闭且受轴向刚性约束的厚壁圆筒的位移表达式：

$$u = \frac{(1-2\mu)(1+\mu)}{E}\frac{(R_i^2 p_i - R_o^2 p_o)r}{R_o^2 - R_i^2} + \frac{1+\mu}{E}\frac{R_i^2 R_o^2 (p_i - p_o)}{(R_o^2 - R_i^2)r}$$

3.2.2.4 厚壁圆筒弹性状态下的应力及位移计算公式

两端封闭厚壁圆筒受内压和外压作用，在不同的外压组合下其弹性状态下的应力及位移计算。

A 同时受内压和外压作用

厚壁圆筒同时作用内、外压（$p_i \neq 0$，$p_o \neq 0$）时

$$\begin{cases} \sigma_r = \dfrac{R_i^2 p_i - R_o^2 p_o}{R_o^2 - R_i^2} - \dfrac{R_i^2 R_o^2 (p_i - p_o)}{(R_o^2 - R_i^2) r^2} \\ \sigma_\theta = \dfrac{R_i^2 p_i - R_o^2 p_o}{R_o^2 - R_i^2} + \dfrac{R_i^2 R_o^2 (p_i - p_o)}{(R_o^2 - R_i^2) r^2} \\ \sigma_z = \dfrac{R_i^2 p_i - R_o^2 p_o}{R_o^2 - R_i^2} \end{cases} \qquad (3\text{-}25)$$

$$u = \frac{1-2\mu}{E}\frac{(R_i^2 p_i - R_o^2 p_o)r}{R_o^2 - R_i^2} + \frac{1+\mu}{E}\frac{R_i^2 R_o^2 (p_i - p_o)}{(R_o^2 - R_i^2)r} \tag{3-26}$$

引入径比 K（外径与内径之比 $K = R_o/R_i$），上式可写为：

$$\begin{cases}\sigma_r = \dfrac{1}{K^2-1}\left[p_i\left(1 - \dfrac{R_o^2}{r^2}\right) - p_o\left(K^2 - \dfrac{R_o^2}{r^2}\right)\right] \\ \sigma_\theta = \dfrac{1}{K^2-1}\left[p_i\left(1 + \dfrac{R_o^2}{r^2}\right) - p_o\left(K^2 + \dfrac{R_o^2}{r^2}\right)\right] \\ \sigma_z = \dfrac{1}{K^2-1}\left[p_i - K^2 p_o\right]\end{cases} \tag{3-27}$$

$$u = \frac{1}{Er(K^2-1)}\left[(1-2\mu)(p_i - K^2 p_o)r^2 + (1+\mu)(p_i - p_o)R_o^2\right] \tag{3-28}$$

B　仅受内压作用

厚壁圆筒仅作用内压（$p_i \neq 0$，$p_o = 0$）时

$$\begin{cases}\sigma_r = \dfrac{p_i}{K^2-1}\left(1 - \dfrac{R_o^2}{r^2}\right) \\ \sigma_\theta = \dfrac{p_i}{K^2-1}\left(1 + \dfrac{R_o^2}{r^2}\right) \\ \sigma_z = \dfrac{p_i}{K^2-1}\end{cases} \tag{3-29}$$

$$u = \frac{p_i}{Er(K^2-1)}\left[(1-2\mu)r^2 + (1+\mu)R_o^2\right] \tag{3-30}$$

C　仅受外压作用

厚壁圆筒仅作用外压（$p_i = 0$，$p_o \neq 0$）时

$$\begin{cases}\sigma_r = -\dfrac{p_o}{K^2-1}\left(K^2 - \dfrac{R_o^2}{r^2}\right) \\ \sigma_\theta = -\dfrac{p_o}{K^2-1}\left(K^2 + \dfrac{R_o^2}{r^2}\right) \\ \sigma_z = -\dfrac{p_o}{K^2-1}K^2\end{cases} \tag{3-31}$$

$$u = -\frac{p_o}{Er(K^2 - 1)}[(1 - 2\mu)K^2r^2 + (1 + \mu)R_o^2] \quad (3\text{-}32)$$

应力分量沿筒壁厚度的分布如图 3-7 所示。

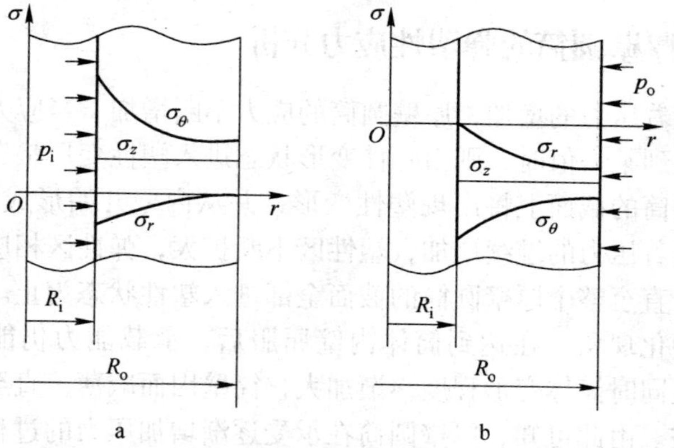

图 3-7　承受均匀压力的厚壁圆筒弹性应力分布

a—仅受内压 p_i；b—仅受外压 p_o

3.2.2.5　内压厚壁圆筒应力状态讨论

（1）周向应力 σ_θ 及轴向应力 σ_z 均为拉应力（正值），径向应力 σ_r 为压应力（负值）。在数值上有如下规律：内壁周向应力 σ_θ 有最大值，而在外壁处减至最小，内、外壁 σ_θ 之差为 p_i；径向应力内壁处为 $-p_i$，随着 r 增加，径向应力绝对值逐渐减小，在外壁处 $\sigma_r = 0$。

（2）轴向应力为一常量，沿壁厚均匀分布，且为周向应力与径向应力和的一半。

（3）除 σ_z 外，其他应力沿厚度的不均匀程度与径比 K 值有关。以 σ_θ 为例，K 值愈大不均匀程度愈严重，当内壁材料开始出现屈服时，外壁材料尚未达到屈服，因此筒体材料强度不能得到充分的利用。当 K 值趋近于 1 时，该容器为薄壁容器，其应力沿厚度接近于均匀分布。$K = 1.1$ 时，内外壁应力只相差 10%，而当 $K = 1.3$ 时，内外壁应力差则达 35%。由此可见，在 $K = 1.1$ 时，采用薄壁应力公式进行计算，其结果与精确值相差不会很大。当 $K=1.3$ 时，若仍用薄壁应力公式计算，误差就比较大。所以工程上一般规定 $K=1.1\sim1.2$ 作为区别厚壁与薄壁容器的界限。

3.3 厚壁圆筒的弹塑性应力分析

随着压力的增加，厚壁圆筒的应力不断增加，当应力分量的组合达到某一值时，则由弹性变形状态进入塑性变形状态，即在厚壁圆筒的截面上将出现塑性变形，并从内壁开始形成塑性区。而且随着压力的继续增加，塑性区不断扩大，弹性区相应的不断减小，直至整个厚壁圆筒的截面全部进入塑性状态为止。由于材料的硬化现象，在达到筒体内壁屈服后，承载能力仍能继续提高，但同时筒体变形程度逐渐加大，筒壁因而减薄，直至最后发生爆破。由此可知，厚壁圆筒在承受逐渐增加压力的过程中，经历了弹性阶段、筒体部分屈服阶段、材料硬化、筒体过度变形，直至爆破失效阶段。

3.3.1 强度理论

弹性失效设计准则将容器总体部位的初始屈服视为失效。对于韧性材料，在单向拉伸应力 σ 作用下，屈服失效判据的数学表达式为

$$\sigma = \sigma_s$$

（1）最大拉应力理论（第一强度理论）。

用最大拉应力 σ_1 来代替 σ，即为最大拉应力准则：

$$\sigma_1 \leqslant [\sigma]^t$$

第一强度理论适用于脆性材料。

（2）第二强度理论为最大主应变理论，由于与实验结果相差很大，一般不采用。

（3）最大切应力理论（第三强度理论）。

Tresca（特雷斯卡）屈服失效 $\tau_{max} = \dfrac{1}{2}\sigma_s$ 判据又称为最大切

应力屈服失效判据或第三强度理论。这一判据认为：材料屈服的条件是最大切应力达到某个极限值，其数学表达式为：

$$\tau_{max} = \frac{1}{2}(\sigma_1 - \sigma_3) \leqslant [\tau]^t$$

相应的设计准则为

$$\sigma_1 - \sigma_3 \leqslant [\sigma]^t$$

第三强度理论适用于塑性材料。

(4) 最大剪切变形能理论（第四强度理论）。

Mises（米赛斯）屈服失效 $\tau_{max} = \frac{\sigma_s}{\sqrt{3}}$ 判据又称为形状改变比能屈服失效判据或第四强度理论。这一判据认为引起材料屈服的是与应力偏量有关的形状改变比能，其数学表达式为：

$$\sqrt{\frac{1}{2}[(\sigma_1 - \sigma_2)^2 + (\sigma_2 - \sigma_3)^2 + (\sigma_3 - \sigma_1)^2]} = \sigma_s$$

相应的设计准则：

$$\sqrt{\frac{1}{2}[(\sigma_1 - \sigma_2)^2 + (\sigma_2 - \sigma_3)^2 + (\sigma_3 - \sigma_1)^2]} \leqslant [\sigma]^t$$

第四强度理论运用于塑性材料。

3.3.2 厚壁圆筒的弹塑性分析

假设厚壁圆筒为理想弹塑性体，不考虑材料在塑性变形过程中的塑性强化，筒体仅受内压 p_i 作用，筒体的内半径为 R_i，外半径为 R_o。

3.3.2.1 弹性极限分析

当筒体仅受内压 p_i 作用，且压力 p_i 较小时，筒体处于弹性状态，其弹性应力分量表达式由式（3-29）给出

$$\sigma_r = \frac{p_i R_i^2}{R_o^2 - R_i^2}\left(1 - \frac{R_o^2}{r^2}\right)$$

$$\sigma_\theta = \frac{p_i R_i^2}{R_o^2 - R_i^2}\left(1 + \frac{R_o^2}{r^2}\right)$$

$$\sigma_z = \frac{p_i R_i^2}{R_o^2 - R_i^2}$$

由上式可知,在内压作用下,弹性应力沿壁厚分布 $\sigma_\theta > \sigma_z > \sigma_r$，且 $\sigma_r < 0$，$\sigma_z = \frac{1}{2}$（$\sigma_\theta + \sigma_r$）。当内压达到筒体的某一极限压力 $p_i = p_e$ 时，筒体的内壁首先开始屈服。假设筒体材料屈服时应力符合 Tresca 屈服条件

$$\sigma_\theta \big|_{r=R_i} - \sigma_r \big|_{r=R_i} = \sigma_s$$

将应力值代入，得

$$p_e = \frac{\sigma_s}{2}\left(1 - \frac{R_i^2}{R_o^2}\right) \tag{3-33}$$

式中，p_e 为壁厚圆筒内壁刚进入屈服时所对应的压力，称为弹性极限压力。

3.3.2.2　弹塑性应力分析

当 $p_i > p_e$ 时，圆筒内壁屈服去向外扩展，筒体沿壁厚形成两个不同区域，外侧为弹性区，内侧为塑性区。设筒体弹塑性区交界面为一与圆筒同心的圆筒面，界面圆筒的半径为 R_c。

弹塑性应力分析要研究两个问题：一是内压力 p_i 与所对应的弹塑性区交界圆柱面半径 R_c 的关系；二是塑性区与弹性区的应力分布。

假想从厚壁圆筒上远离边缘处的区域截取一筒节，沿 R_c 处将弹性区与塑性区分开，并代之以相应的力，如图 3-8 所示。设弹塑性区交界面上的压力为 p_c，塑性区为一圆柱形筒，内、外半径分别为 R_i 和 R_c，承受内、外压力分别为 p_i 和 p_c；弹性区亦为一圆柱形筒，内、外半径分别为 R_c 和 R_o，承受内压力为 p_c。

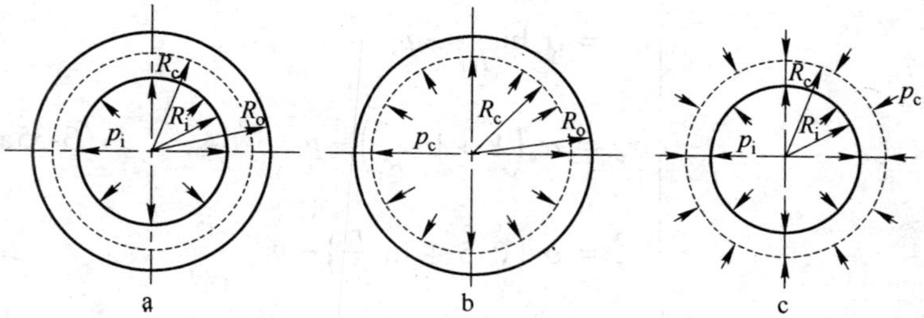

图 3-8　厚壁圆筒弹塑性区域

a—受内压厚壁圆筒；b—弹性区；c—塑性区

A　塑性区（$R_i \leqslant r \leqslant R_c$）

材料处于塑性状态时，筒壁微元体的平衡微分方程仍然成立，由式（3-5）

$$\frac{d\sigma_r}{dr} + \frac{\sigma_r - \sigma_\theta}{r} = 0$$

设材料塑性变形时应力符合 Tresca 屈服条件 $\sigma_\theta - \sigma_r = \sigma_s$，代入上式，得

$$\frac{d\sigma_r}{dr} = \frac{\sigma_s}{r}$$

积分上式为

$$\sigma_r = \sigma_s \ln r + A \tag{3-34}$$

式中，A 为积分常数，由边界条件确定。

$$r = R_i \qquad \sigma_r = -p_i$$

$$r = R_c \qquad \sigma_r = -p_c$$

由第一个边界条件代入式（3-34），求出 A，再代入 Tresca 屈服条件和 $\sigma_z = \frac{1}{2}(\sigma_\theta + \sigma_r)$，可得到塑性区各应力分量的表达式

$$\begin{cases}\sigma_r = \sigma_s \ln\dfrac{r}{R_i} - p_i \\ \sigma_\theta = \sigma_s\left(1 + \ln\dfrac{r}{R_i}\right) - p_i \\ \sigma_z = \sigma_s\left(0.5 + \ln\dfrac{r}{R_i}\right) - p_i\end{cases} \tag{3-35a}$$

由第二个边界条件代入式（3-35a）中的第一式，可得到弹塑性区交界面压力为

$$p_c = -\sigma_s \ln\frac{R_c}{R_i} + p_i \tag{3-36}$$

筒壁材料塑性变形符合 Mises 屈服条件，则式（3-35a）可以写成

$$\begin{cases}\sigma_r = \dfrac{2\sigma_s}{\sqrt{3}}\ln\dfrac{r}{R_i} - p_i \\ \sigma_\theta = \dfrac{2\sigma_s}{\sqrt{3}}\left(1 + \ln\dfrac{r}{R_i}\right) - p_i \\ \sigma_z = \dfrac{2\sigma_s}{\sqrt{3}}\left(1 + 2\ln\dfrac{r}{R_i}\right) - p_i\end{cases} \tag{3-35b}$$

B　弹性区（$R_c \leqslant r \leqslant R_o$）

弹性区内壁面为弹塑性区交界面，即弹性区内壁面呈塑性状态。设 $K_c = R_o/R_c$，由弹性区内壁面处应力表达式，得

$$\begin{cases}(\sigma_r)_{r=R_c} = -p_c \\ (\sigma_\theta)_{r=R_c} = p_c\left(\dfrac{K_c^2 + 1}{K_c^2 - 1}\right) \\ (\sigma_z)_{r=R_c} = \dfrac{p_c}{K_c^2 - 1}\end{cases} \tag{3-37}$$

弹性区内壁面开始屈服时，若应力符合 Tresca 屈服条件

$$(\sigma_\theta)_{r=R_c} - (\sigma_r)_{r=R_c} = \sigma_s$$

将式（3-37）各值代入得：

$$p_c = \frac{\sigma_s}{2}\frac{R_o^2 - R_c^2}{R_o^2} \tag{3-38}$$

在弹塑性区交界面处 σ_r 连续，即由式（3-36）和式（3-38）求得的 p_c 应为同一数值，由此可求出内压力 p_i 与所对应的塑性区圆柱面半径 R_c 间的关系

$$p_i = \sigma_s\left(0.5 - \frac{R_c^2}{2R_c^2} + \ln\frac{R_c}{R_i}\right) \tag{3-39a}$$

由上式可知，给定内压力 p_i 后可唯一地确定 R_c；或给定 R_c 后也可唯一地确定 p_i。由于上式为一超越方程，在给定 p_i 后，可用数值方法求出 R_c。

将式（3-39a）代入拉美公式，可得弹性区各应力分量表达式

$$\begin{cases} \sigma_r = \dfrac{\sigma_s}{2}\dfrac{K_c^2}{K_0^2}\left(1 - \dfrac{K_0^2}{r^2}\right) \\ \sigma_\theta = \dfrac{\sigma_s}{2}\dfrac{K_c^2}{K_0^2}\left(1 + \dfrac{K_0^2}{r^2}\right) \\ \sigma_z = \dfrac{\sigma_s}{2}\dfrac{K_c^2}{K_0^2} \end{cases} \tag{3-40a}$$

若按 Mises 屈服条件，内压力 p_i 与所对应的塑性区圆柱面半径 R_c 间的关系及弹性区各应力分量表达式为

$$p_i = \frac{\sigma_s}{\sqrt{3}}\left(1 - \frac{R_c^2}{R_o^2} + 2\ln\frac{R_c}{R_i}\right) \tag{3-39b}$$

而

$$
\begin{cases}
\sigma_r = \dfrac{\sigma_s}{\sqrt{3}} \dfrac{R_c^2}{R_o^2}\left(1 - \dfrac{R_o^2}{r^2}\right) \\
\sigma_\theta = \dfrac{\sigma_s}{\sqrt{3}} \dfrac{R_c^2}{R_o^2}\left(1 + \dfrac{R_o^2}{r^2}\right) \\
\sigma_z = \dfrac{\sigma_s}{\sqrt{3}} \dfrac{R_c^2}{R_o^2}
\end{cases}
\tag{3-40b}
$$

弹塑性区应力分布，如图 3-9 所示。

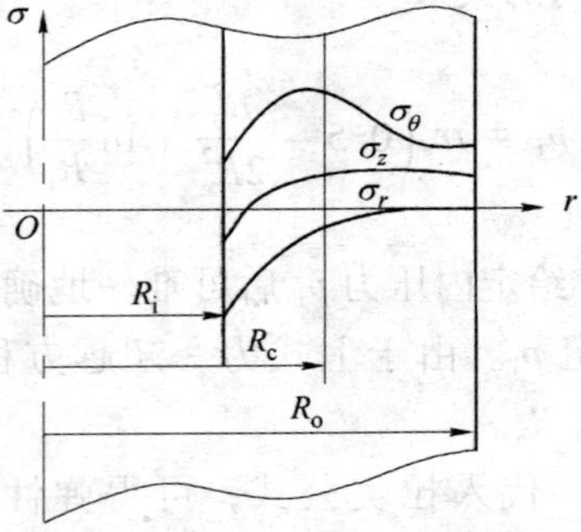

图 3-9　弹塑性区应力分布

3.3.2.3　塑性极限分析

由弹塑性分析可知，当压力 p 不断增加时，塑性区不断扩大，弹性区不断缩小。当压力增加到某一值时，塑性区扩展到整个筒体，即 $R_c = R_o$ 时，筒体全部进入塑性状态。对于理想塑性材料，若不计材料的强化，筒体将产生无约束的塑性变形，将不能承受内压的作用。这种状态称为塑性极限状态。此时的内压力称为塑性极限压力，以 p_s 表示。

由式（3-39）、式（3-35），令 $R_c = R_o$，$p_i = p_s$，可求得全屈服状态下的塑性极限压力的表达式及应力分量表达式。

按 Tresca 屈服条件

$$
p_s = \sigma_s \ln \frac{R_o}{R_i} \tag{3-41a}
$$

$$
\begin{cases}
\sigma_r = \sigma_s \ln \dfrac{r}{R_o} \\
\sigma_\theta = \sigma_s \left(1 + \ln \dfrac{r}{R_o}\right) \\
\sigma_z = \sigma_s \left(0.5 + \ln \dfrac{r}{R_o}\right)
\end{cases}
\tag{3-42a}
$$

按 Mises 屈服条件

$$
p_s = \frac{2}{\sqrt{3}}\sigma_s \ln \frac{R_o}{R_i} \tag{3-41b}
$$

$$
\begin{cases}
\sigma_r = \dfrac{2}{\sqrt{3}} \sigma_s \ln \dfrac{r}{R_o} \\
\sigma_\theta = \dfrac{2}{\sqrt{3}} \sigma_s \left(1 + \ln \dfrac{r}{R_o}\right) \\
\sigma_z = \dfrac{2}{\sqrt{3}} \sigma_s \left(0.5 + \ln \dfrac{r}{R_o}\right)
\end{cases}
\tag{3-42b}
$$

3.3.2.4 厚壁圆筒的自增强

由拉美方程可知，随着压力的提高，无限制地增加厚壁会使筒壁上应力更趋于不均。除了采用组合圆筒能使筒壁压力均匀化外，自增强处理亦是提高厚壁圆筒弹性承载能力的有效方法。

自增强处理是指筒体在使用之前进行加压处理，其压力超过内壁发生屈服的压力（初始屈服压力），使筒体内壁附近沿一定厚度产生塑性变形，形成内层塑性区，而筒体外壁附近仍处于弹性状态，形成外层弹性区。当压力卸除后，筒体内层塑性区将有残余变形存在，而外层弹性区受到内层塑性区残余变形的阻挡而不能完全恢复，结果使内层塑性区受到外层弹性区的压缩而产生残余压力，而外层弹性区由于收缩受到阻挡而产生残余拉应力。

即经自增强处理后的厚壁圆筒，产生内层受压，外层受拉的预应力。当筒体承受工作压力后，由工作压力产生的拉应力和筒体的预应力叠加，结果使内层压力降低，外层压力有所提高，沿壁厚方向的压力分布均匀化，弹性操作范围扩大。这种利用筒体自身外层材料的弹性收缩力来产生预应力，以提高筒体的弹性承载能力的方法称为自增强。

4 薄板理论

薄板是指板的厚度 s 与板面的最小尺寸 b 的比值 $s/b \leqslant 1/5$ 的板，对于圆形薄板是指板的厚度 s 与其直径 D 之比。而当平板挠度 w 与厚度 s 之比，即 $w/s \leqslant 1/5$ 时，认为是小挠度板，且轴对称。

平板理论主要是研究在外力作用下平板中的应力与变形。过程设备中常用的平板构件多属于受轴对称载荷的小挠度圆形薄板。现分析小挠度薄板的轴对称问题。

圆平板承受横向载荷作用时，产生弯曲变形，它的内力为剪力 Q_r 及弯矩（M_φ，M_θ）。当载荷均匀分布时，圆平板的内力及变形都对称于 z 轴。

为分析应力和变形，从图 4-1a 所示的圆平板上沿板的全厚

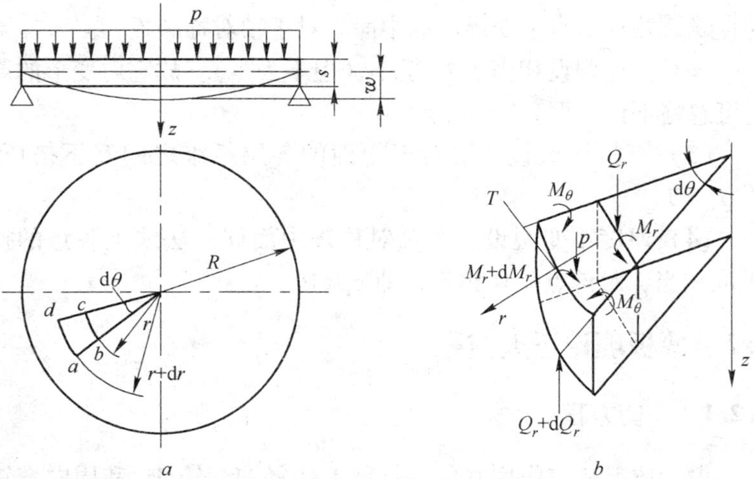

图 4-1　受均布载荷的圆平板

切取图 4-1b 所示微元 $abcd$。微元 $abcd$ 上的内力也示于图 4-1b 中。取极坐标（r，θ，z）。对于轴对称圆板 $\tau_{r\theta}=\tau_{\theta r}=0$，$\tau_{\theta z}=\tau_{z\theta}=0$，故在单元体径向截面上只作用周向应力 σ_θ，在周向截面上只作用径向正应力 σ_r 和法向剪应力 τ_{rz}，σ_r、σ_θ 沿板厚直线对称分布，故没有内力，只有 M_r，M_θ。横剪力 τ_{rz} 沿板厚为抛物线分布，并合成为 Q_r。

分析圆平板中微元体的受力和变形，建立力的平衡方程、几何方程和物理方程，并将三者加以综合，即可得到求解内力分量的微分方程。因为在微分方程中，是以圆平板中面的垂直位移（挠度）作为未知函数的，故又称为位移微分方程。

4.1 基本假设

（1）中性面假设。认为挠度比较小，板的中面为中性面（既不伸长也不缩短）。中面内各点沿中面的法线方向产生位移 ω，而没有产生平行于板面的位移，即 $(u)_{z=0}=0$。又由于轴对称，则 $v=0$。

（2）直法线假设。变形前垂直于中面的法线，在变形后仍为直线，并且垂直于变形后的中面。对于轴对称圆板，$\tau_{\theta z}=\tau_{z\theta}=0$，$r_{z\theta}=0$。此假设相当于 τ_{zr} 很小（但不为零）。故它对变形的影响可忽略不计，即 $r_{zr}=0$。

（3）不挤压假设。平行于中面的各层纤维之间互不挤压，即 $\sigma_z=0$。

（4）厚度不变假设。在轴对称板中面同一法线上各点的挠度 ω 相当，对该点位移相等，即 $\varepsilon_z=0$。

4.2 薄板理论三大方程

4.2.1 平衡方程

单元体上相应作用着单位长度上的径向弯矩 M_r 和周向弯矩 M_θ，以及由 τ_{rz} 合成的单位长度上的剪力 Q_r。根据微元体受力及平衡条件，再略去高阶小量可得到平衡方程。

4.2.1.1 Z 方向的力平衡（$\Sigma F_z=0$）

如图 4-1b 所示：

$$(Q_r + dQ_r)\cdot(r + dr)d\theta - Q_r \cdot rd\theta - P \cdot r \cdot d\theta \cdot dr = 0$$

$$Q_r \cdot r + Q_r dr + r \cdot dQ_r + dQ_r dr - Q_r \cdot r - P \cdot rdr = 0$$

略去高阶小量可得：

$$Q_r dr + rdQ_r = P \cdot rdr$$

$$d(Q_r \cdot r) = P \cdot rdr$$

$$Q_r = \frac{1}{r}\int_0^r P \cdot rdr$$

$$\frac{d(Q_r r)}{dr} = Pr \tag{4-1a}$$

4.2.1.2 沿 Z 轴的力矩平衡（$\Sigma M_\tau=0$）

如图 4-2 所示：

$$(M_r + dM_r)\cdot(r + dr)d\theta - M_r rd\theta - 2M_\theta dr \cdot \sin\frac{d\theta}{2} -$$

$$Q_r \cdot r \cdot d\theta dr - P \cdot rd\theta \cdot dr \cdot \left(\frac{dr}{2}\right) = 0$$

$$M_r \cdot r + M_r \cdot dr + r \cdot dM_r + dM_r \cdot dr - M_r \cdot r -$$

$$M_\theta \cdot dr - Q_r \cdot r \cdot dr - P \cdot r(dr)^2 = 0$$

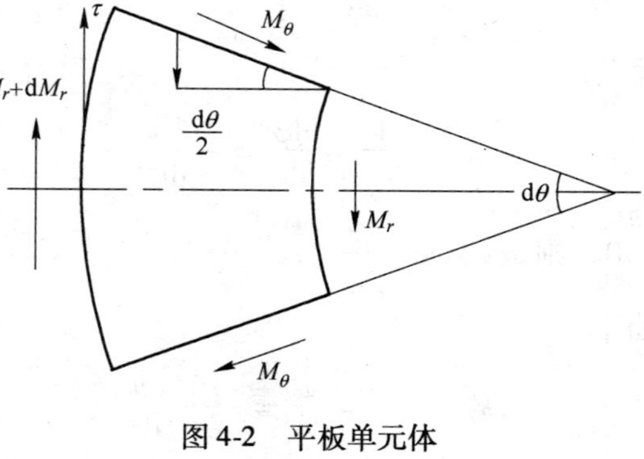

图 4-2 平板单元体

略去高阶小量

$$M_r\mathrm{d}r + r\cdot\mathrm{d}M_r - M_\theta\mathrm{d}r - Q_r\cdot r\mathrm{d}r = 0$$

$$r\frac{\mathrm{d}M_r}{\mathrm{d}r} + (M_r - M_\theta) + Q_r r = 0 \tag{4-1b}$$

在以上两个平衡方程中，包含三个未知量 M_r、M_θ 和 Q_r，只利用平衡方程无法求解，必须根据变形的几何关系另找补充方程。

4.2.2 几何方程

平板在横向载荷作用下 $u=0, v=0$，产生横向位移（挠度）ω。设平板各点的径向应变为 ε_r，环向应变为 ε_θ。当平板较薄时，可以认为平板中性面的法线变形后仍保持直法线且长度不变。并注意到小变形假设（$w \ll s$）。

4.2.2.1 中面弯曲

取一微小元素，如图 4-3 所示，根据假设，中面内各点不产生平行于板面的位移，故 A，B 点只沿中面的法线方向分别移至 A'和 B'，AB 变成了曲线 $A'B'$。

在 A'点 $\varphi = -\frac{\mathrm{d}\omega}{\mathrm{d}r}$，又因为 $A'B' \approx AB = \mathrm{d}r$，所以 A'点径向曲率半径（$A'O_1$）为：

$$r_1 = -\frac{\mathrm{d}r}{\mathrm{d}\varphi} = \left(-\frac{\mathrm{d}^2 w}{\mathrm{d}r^2}\right)^{-1}$$

其曲率为：

$$k_1 = \frac{1}{r_1} = \frac{\mathrm{d}\varphi}{\mathrm{d}r} = -\frac{\mathrm{d}^2 w}{\mathrm{d}r^2}$$

又因为 $\varphi \to 0$，则 $\varphi \approx \sin\varphi = \frac{r}{r_2}$，$r_2 = \frac{r}{\varphi}$

周向曲率：

$$k_2 = \frac{1}{r_2} = \frac{\varphi}{r} = -\frac{1}{r}\frac{\mathrm{d}w}{\mathrm{d}r}$$

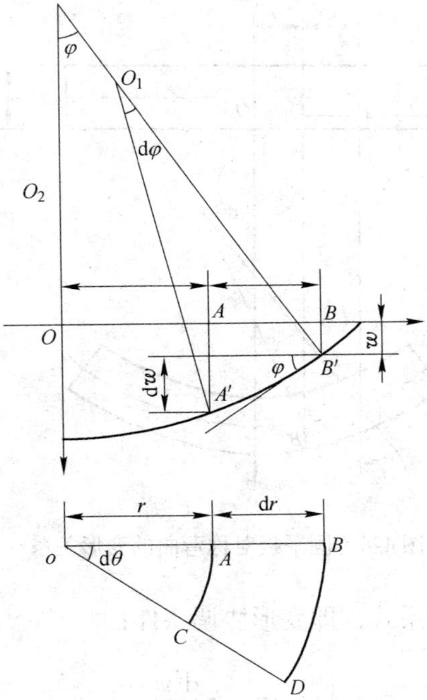

图 4-3 平板微元变形

4.2.2.2 圆板上任一点的应变

圆板上任一点的应变，如图 4-4 所示。

A 径向变形

$$\varepsilon_r = \frac{A'B' - AB}{AB} = \frac{(\rho + z)\mathrm{d}\varphi - \rho\mathrm{d}\varphi}{r_1\mathrm{d}\varphi}$$

$$= \frac{(\rho + z)\mathrm{d}\varphi - \rho\mathrm{d}\varphi}{\mathrm{d}r} = z\frac{\mathrm{d}\varphi}{\mathrm{d}r}$$

B 周向变形

$$\varepsilon_\theta = \frac{2\pi(r + \Delta r) - 2\pi r}{2\pi r} = \frac{\Delta r}{r}$$

又因为 $\Delta r = z \cdot \varphi$

所以 $\varepsilon_\theta = z \cdot \dfrac{\varphi}{r}$

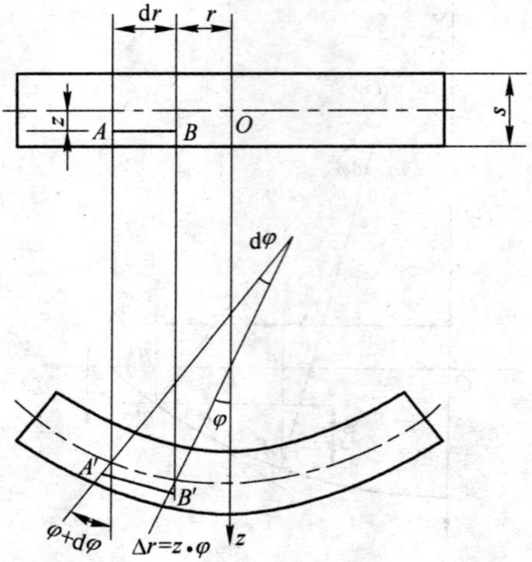

图 4-4　圆平板对称弯曲的变形关系

综上得 ε_r、ε_θ 关系式，即变形协调条件：

$$\begin{cases} \varepsilon_r = -z\dfrac{\mathrm{d}^2 w}{\mathrm{d}r^2} \\ \varepsilon_\theta = -\dfrac{z}{r}\dfrac{\mathrm{d}w}{\mathrm{d}r} \end{cases} \tag{4-2}$$

4.2.3　物理方程

根据广义胡克定律，利用几何方程（4-2）可得应力表达式：

$$\begin{cases} \sigma_r = \dfrac{E}{1-\mu^2}(\varepsilon_r + \mu\varepsilon_\theta) = -\dfrac{E}{1-\mu^2}\left(\dfrac{\mathrm{d}^2 w}{\mathrm{d}r^2} + \dfrac{\mu}{r}\dfrac{\mathrm{d}w}{\mathrm{d}r}\right)z \\ \sigma_\theta = \dfrac{E}{1-\mu^2}(\varepsilon_\theta + \mu\varepsilon_r) = -\dfrac{E}{1-\mu^2}\left(\dfrac{1}{r}\dfrac{\mathrm{d}w}{\mathrm{d}r} + \mu\dfrac{\mathrm{d}^2 w}{\mathrm{d}r^2}\right)z \end{cases} \tag{4-3}$$

根据正应力与弯矩的关系，可得：

$$
\begin{cases}
M_r = \int_{-\frac{s}{2}}^{\frac{s}{2}} \sigma_r z \mathrm{d}z = -D\left(\dfrac{\mathrm{d}^2 w}{\mathrm{d}r^2} + \dfrac{\mu}{r}\dfrac{\mathrm{d}w}{\mathrm{d}r}\right) \\
M_\theta = \int_{-\frac{s}{2}}^{\frac{s}{2}} \sigma_\theta z \mathrm{d}z = -D\left(\dfrac{1}{r}\dfrac{\mathrm{d}w}{\mathrm{d}r} + \mu\dfrac{\mathrm{d}^2 w}{\mathrm{d}r^2}\right)
\end{cases}
\tag{4-4}
$$

式中，$D = \dfrac{ES^3}{12\ (1-\mu^2)}$是平板的抗弯刚度。

4.2.4 挠度微分方程及其解

将式（4-4）代入式（4-1b），并整理后得：

$$
r\frac{\mathrm{d}}{\mathrm{d}r}\left[\frac{1}{r}\frac{\mathrm{d}}{\mathrm{d}r}\left(r\frac{\mathrm{d}w}{\mathrm{d}r}\right)\right] = \frac{Q_r r}{D} \tag{4-5a}
$$

将式（4-5a）对 r 微分一次，且将式（4-1a）带入后得：

$$
\frac{1}{r}\frac{\mathrm{d}}{\mathrm{d}r}\left\{r\frac{\mathrm{d}}{\mathrm{d}r}\left[\frac{1}{r}\frac{\mathrm{d}}{\mathrm{d}r}\left(r\frac{\mathrm{d}w}{\mathrm{d}r}\right)\right]\right\} = \frac{P}{D} \tag{4-5b}
$$

式（4-5b）即为圆平板承受轴对称横向载荷时的挠度微分方程式。

此方程式的解为：

$$
w = \frac{pR^4}{64D} + A_1 \ln r + A_2 r^2 \ln r + A_3 r^2 + A_4 \tag{4-6}
$$

积分常数 A_1、A_2、A_3、A_4 可由圆平板的边界条件确定。

对于中心无孔的圆板，A_1 与 A_2 必须为 0，否则中心处的挠度将成为无限值。故方程式（4-6）可写为：

$$
w = \frac{pR^4}{64D} + A_3 r^2 - A_4 \tag{4-7}
$$

式中，A_3 与 A_4 可由实心圆板的支撑条件确定。下面结合两种常见的典型支撑情况，即周边简支圆板和周边固支圆板，说明确定积分常数的方法，并确定计算弯矩和应力公式。

4.2.4.1 周边简支圆板（如图 4-5 所示）

$$
(W)_{r=R} = 0,\ (M_r)_{r=R} = 0
$$

$$A_3 = -\frac{3+\mu}{32(1+\mu)} \frac{pr^2}{D}$$

$$A_4 = \frac{5+\mu}{64(1+\mu)} \frac{pr^2}{D}$$

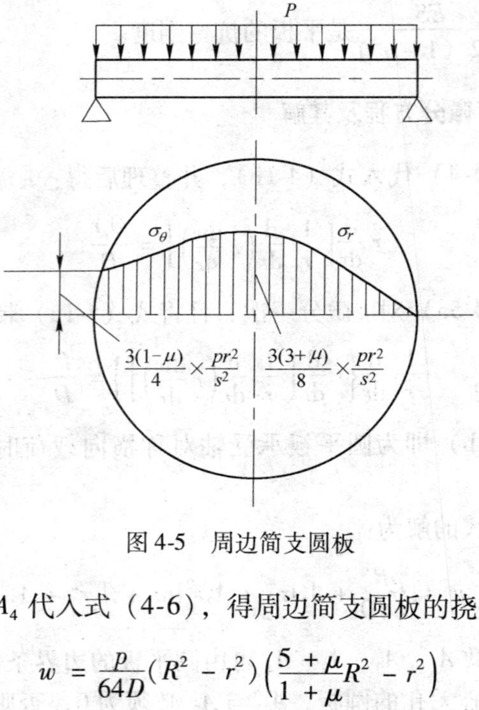

图 4-5　周边简支圆板

将 A_3、A_4 代入式（4-6），得周边简支圆板的挠度方程式：

$$w = \frac{p}{64D}(R^2 - r^2)\left(\frac{5+\mu}{1+\mu}R^2 - r^2\right) \tag{4-8}$$

最大挠度发生在圆板中心（$r=0$）处，

$$w_{\max} = \frac{5+\mu}{64(1+\mu)} \frac{pr^4}{D}$$

将式（4-8）代入式（4-4），得弯矩方程为

$$M_r = \frac{(3+\mu)pR^2}{16}\left(1 - \frac{r^2}{R^2}\right)$$

$$M_\theta = \frac{pR^2}{16}\left[(3+\mu) - (1+3\mu)\frac{r^2}{R^2}\right] \tag{4-9}$$

又因为

$$\sigma_r = \frac{12M_r}{S^3}Z, \sigma_\theta = \frac{12M_\theta}{S^3}Z$$

故圆板上、下表面的径向应力及环向应力为：

$$\sigma'_r = \mp \frac{3(3+\mu)}{8}\frac{pR^2}{S^2}\left(1-\frac{r^2}{R^2}\right)$$

$$\sigma'_\theta = \mp \frac{3}{8}\frac{pR^2}{S^2}\left[(3+\mu)-(1+3\mu)\frac{r^2}{R^2}\right] \tag{4-10}$$

应力沿圆板半径的变化规律如图 4-5 所示。最大应力发生在圆板中心（$r=0$）处。

$$\sigma'_{\max} = (\sigma'_r)_{r=0} = (\sigma'_\theta)_{r=0} = \mp \frac{3(3+\mu)}{8}\frac{pR^2}{S^2} \tag{4-11}$$

在周边处（$r=R$）的应力为：

$$\sigma_r = 0$$

$$\sigma_\theta = \mp \frac{3(2-2\mu)}{8}\cdot\frac{pR^2}{S^2} = \mp \frac{3(1-\mu)}{4}\cdot\frac{pR^2}{S^2}$$

4.2.4.2　周边固支圆板

边界条件为：当 $r=R$，$w=0$，$\varphi=\frac{\mathrm{d}w}{\mathrm{d}r}=0$，即

$$(\omega)_{r=R} = 0, \left(\frac{\mathrm{d}\omega}{\mathrm{d}r}\right)_{r=R} = 0$$

将式（4-7）代入边界条件，解得：

$$A_3 = -\frac{pR^2}{32D}, A_4 = \frac{pR^4}{64D}$$

将 A_3、A_4 代入式（4-7），经整理后得到周边固支的圆平板的挠度方程：

$$w = \frac{p}{64D}(R^2 - r^2)^2 \tag{4-12}$$

最大挠度发生在中心（$r=0$）处，其值为：

$$w_{\max} = \frac{pR^4}{64D}$$

将式（4-12）代入式（4-4），得弯矩方程式：

$$\begin{aligned} M_r &= \frac{pR^2}{16}\left[(1+\mu) - (3+\mu)\frac{r^2}{R^2}\right] \\ M_\theta &= \frac{pR^2}{16}\left[(1+\mu) - (1+3\mu)\frac{r^2}{R^2}\right] \end{aligned} \tag{4-13}$$

当 $r=0$ 时，
$$\frac{\mathrm{d}M_r}{\mathrm{d}r}=0$$

$$\frac{\mathrm{d}M_\theta}{\mathrm{d}r} = 0$$

此时：

$$M_r = M_\theta = \frac{pR^2}{16}(1+\mu)$$

但边界上，$r=R$ 时，

$$(M_r)_{r=R} = -\frac{pR^2}{8}$$

$$(M_\theta)_{r=R} = -\mu\frac{pR^2}{8}$$

又因为 $\mu<1$，所以 $(M_r)_{r=R_{\max}} = -\frac{pR^2}{8}$。

因此，圆板上下表面的径向应力及环向应力分别为：

$$\begin{aligned} \sigma'_r &= \pm\frac{6M_r}{S^2} = m\frac{3}{8}\frac{pR^2}{S^2}\left[(1+\mu) - (3+\mu)\frac{r^2}{R^2}\right] \\ \sigma'_\theta &= \pm\frac{6M_\theta}{S^2} = m\frac{3}{8}\frac{pR^2}{S^2}\left[(1+\mu) - (1+3\mu)\frac{r^2}{R^2}\right] \end{aligned} \tag{4-14}$$

应力沿圆板半径的变化规律如图 4-6 所示。最大应力发生在圆板周边（$r=R$）处，其值为：

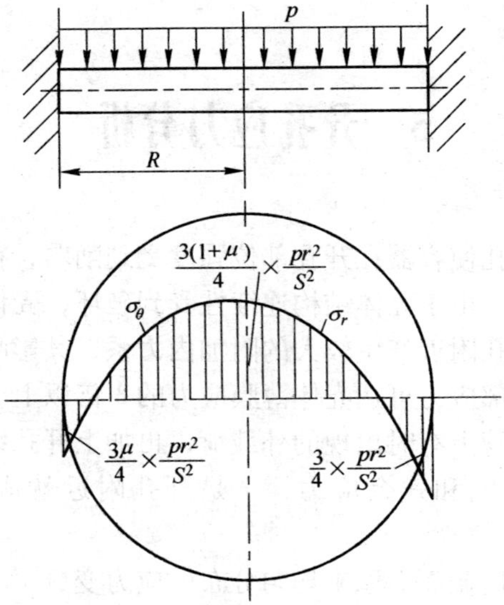

图4-6　周边固支圆板

$$(\sigma_r)_{\max} = \mu\frac{3pR^2}{4S^2} \tag{4-15}$$

在中心（$r=0$）处，径向应力σ'_r与环向应力σ'_θ相等，并等于

$$(\sigma'_r)_{r=0} = (\sigma'_\theta)_{r=0} = \pm\frac{3(1+\mu)}{8}\frac{pR^2}{S^2} \tag{4-16}$$

5　开孔应力分析

壳体上开孔使容器在开孔部位强度受到削弱，在开孔附近产生的应力集中。由于壳体结构连续性受到破坏，壳体与接管变形不一致，在开孔附近产生较大的附加内力系，其影响最大的附加弯曲应力，局部应力可达壳体薄膜应力的3倍以上。这样高的局部应力加上接管上有时出现的外载荷，再加上开孔结构在制造过程中产生的缺陷和残余应力，于是开孔附近就成了容器的破坏源。

壳体开孔后截面上原来均匀分布的应力变成了不均匀，在开孔边缘处出现应力集中，一般用应力系数来表示。所谓应力集中系数是指在开孔边缘的最大应力值与壳体上最大薄膜应力的比值，即：

$$K = \frac{\sigma_{\max}}{\sigma}$$

对于球壳，$\sigma = \frac{pR}{2S}$；对于圆柱壳，$\sigma = \frac{pR}{S}$。

5.1　平板开小孔的应力集中问题

开孔产生应力集中，应力集中的程度越高，集中现象就越是局部性的。孔边应力增大的倍数与孔的形状有关，在各种情况的开孔中，圆孔孔边的应力集中程度最低。下面分析几种不同承载情况下圆孔孔边的应力集中问题。

5.1.1　矩形薄板各周边受均匀拉力作用

矩形薄板，在离开边缘较远处，有半径为 a 的小圆孔，薄板四边受均匀拉力，强度为 q。如图 5-1 所示。

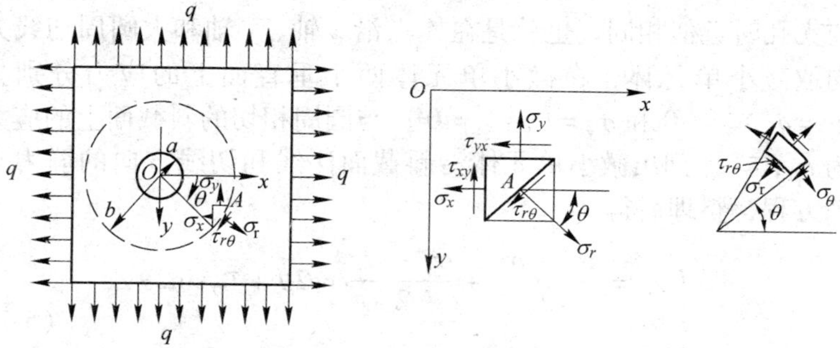

图 5-1　矩形薄板各周边受均匀拉力孔边应力集中

建立坐标系：以圆孔的中心为坐标原点，坐标轴平行于边界建立直角坐标系；以圆孔的中为心坐标原点，建立极坐标系。

解题思路：建一个以小圆孔同心的大圆孔，把大、小圆孔切割下来作为研究对象，将这个研究对象看做是厚壁圆筒中的一部分，因此薄板可按厚壁圆筒处理，但首先把矩形薄板的应力状态变成圆形薄环板的应力状态，如图 5-2 所示。又因为厚壁圆筒的 σ_r、σ_θ 与 z 无关，这样就把矩形薄板开孔问题转化为薄圆环板问题。

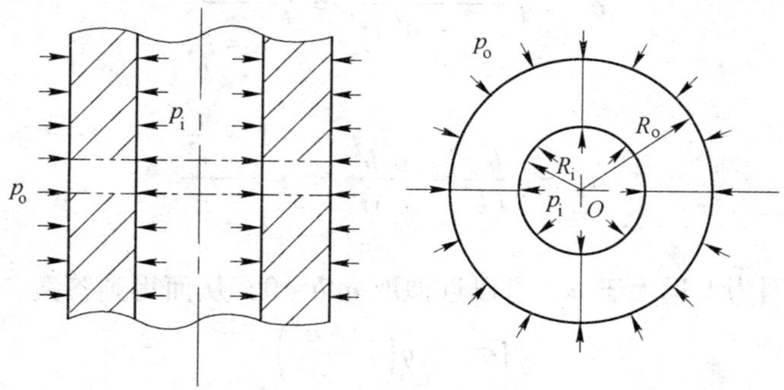

图 5-2　薄圆环板问题

首先将直边变换为圆边。为此，以远大于 a 的某一长度 b 为半径，以坐标原点为圆心，做一个大圆，如图 5-1 中虚线所示。由于应力集中的局部性，在大圆周处取一点 A，则 A 点应力情况与无孔时近似相同，也就是在 A 点沿 x 轴、y 轴和大圆周切线方向取微小单元体，在微小单元体两个垂直面上的应力分别为 $\sigma_x = q$, $\tau_{xy} = 0$ 和 $\sigma_y = q$, $\tau_{yx} = 0$；与圆周相切的斜截面上的应力为 σ_r, $\tau_{r\theta}$。列出微小单元体沿斜截面法线和切线方向的静力平衡方程，整理后得

$$\begin{cases} \sigma_r = \dfrac{\sigma_x + \sigma_y}{2} + \dfrac{\sigma_x - \sigma_y}{2}\cos 2\theta + \tau_{xy}\sin 2\theta \\ \tau_{r\theta} = \dfrac{\sigma_y - \sigma_x}{2}\sin 2\theta + \tau_{xy}\cos 2\theta \end{cases} \tag{5-1}$$

将 $\sigma_x = q$，$\sigma_y = q$，$\tau_{xy} = 0$，代入式（5-1）。可得到

$$(\sigma_r)_{r=b} = q,\ (\tau_{r\theta})_{r=b} = 0$$

在大圆周上的任一点都能得到 $\sigma_r = q$, $\tau_{r\theta} = 0$ 的结果。因此把此问题变为求内半径为 a、外半径为 b 的薄圆环板在外边界上只受均布拉力 q 的应力分布问题。

令 $p_i = 0$，$p_o = -q$，$R_i = a$，$R_o = b$，按厚壁圆筒式（3-31），得

$$\sigma_r = q\frac{b^2r^2 - a^2b^2}{(b^2 - a^2)r^2} = q\frac{1 - \dfrac{a^2}{r^2}}{1 - \dfrac{a^2}{b^2}}$$

$$\sigma_\theta = q\frac{b^2r^2 + a^2b^2}{(b^2 - a^2)r^2} = q\frac{1 + \dfrac{a^2}{r^2}}{1 - \dfrac{a^2}{b^2}}$$

因为 b 远大于 a，可以近似取 $a/b \approx 0$，从而得到答案

$$\begin{cases} \sigma_r = q\left(1 - \dfrac{a^2}{r^2}\right) \\ \sigma_\theta = q\left(1 + \dfrac{a^2}{r^2}\right) \end{cases} \tag{5-2}$$

5.1.2 矩形薄板各周边受均匀拉、压力作用

矩形薄板，在离开边缘较远处有一半径为 a 的小孔。薄板左

右两端受均布拉力，上下受均布压力，强度都为 q，如图 5-3 所示。

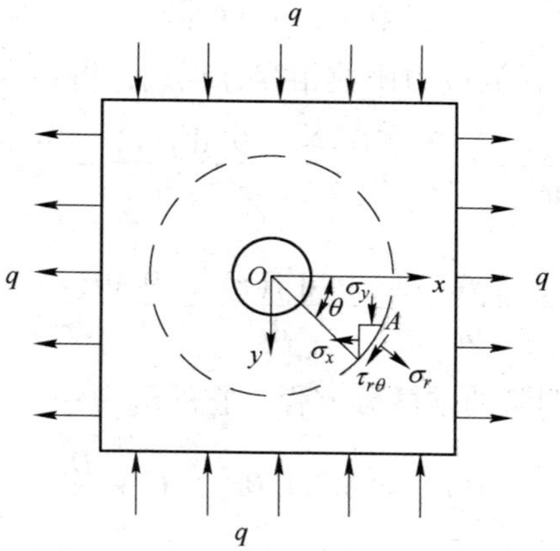

图 5-3　矩形薄板各周边受均匀拉、压力孔边应力集中

在大圆周上任取一点 A 的应力情况与无孔时相同，令 $\sigma_x = q$，$\sigma_y = -q$，$\tau_{xy} = 0$。代入式（5-1），得到与大圆周相切的斜截面上的应力。

薄环板的外边界条件：

$$\begin{cases}(\sigma_r)_{r=b} = q\cos 2\theta \\ (\tau_{r\theta})_{r=b} = -q\sin 2\theta\end{cases} \tag{a}$$

环板的内边界即孔边的边界条件：

$$\begin{cases}(\sigma_r)_{r=a} = 0 \\ (\tau_{r\theta})_{r=a} = 0\end{cases} \tag{b}$$

由环板的内、外边界条件可知，当采用半逆解法时，可以假设 σ_r 为 r 的某一函数乘以 $\cos 2\theta$，$\tau_{r\theta}$ 为 r 的另一函数乘以 $\sin 2\theta$。令：ϕ 为应力函数，由以应力表示的极坐标下相容方程得：

$$\sigma_r = \frac{1}{r}\frac{\partial \phi}{\partial r} + \frac{1}{r^2}\frac{\partial^2 \phi}{\partial \theta^2},\ \tau_{r\theta} = -\frac{\partial}{\partial r}\left(\frac{1}{r}\frac{\partial \phi}{\partial \theta}\right)$$

可见，应力函数 ϕ 对 θ 两次微分得 σ_r 表达式中和 θ 有关的一项，ϕ 对 θ 一次微分得 $\tau_{r\theta}$ 。因此，可以假设应力函数 ϕ 为：

$$\phi = f(r)\cos 2\theta \tag{c}$$

将式（c）代入应力函数相容方程式，得：

$$\cos 2\theta\left[\frac{\mathrm{d}^4 f(r)}{\mathrm{d}r^4} + \frac{2}{r}\frac{\mathrm{d}^3 f(r)}{\mathrm{d}r^3} - \frac{9}{r^2}\frac{\mathrm{d}^2 f(r)}{\mathrm{d}r^2} + \frac{9}{r^3}\frac{\mathrm{d}f(r)}{\mathrm{d}r}\right] = 0$$

由此

$$\frac{\mathrm{d}^4 f(r)}{\mathrm{d}r^4} + \frac{2}{r}\frac{\mathrm{d}^3 f(r)}{\mathrm{d}r^3} - \frac{9}{r^2}\frac{\mathrm{d}^2 f(r)}{\mathrm{d}r^2} + \frac{9}{r^3}\frac{\mathrm{d}f(r)}{\mathrm{d}r} = 0$$

这是一个四阶的常微分方程，它的解为：

$$f(r) = Ar^4 + Br^2 + C + \frac{D}{r^2} \tag{d}$$

式中，A、B、C、D 是积分常数，由边界条件决定。将式（d）代入式（c），应力函数为

$$\phi = \cos 2\theta\left(Ar^4 + Br^2 + C + \frac{D}{r^2}\right)$$

代入应力函数相容方程式，得到应力分量：

$$\begin{cases} \sigma_r = -\cos 2\theta\left(2B + \dfrac{4C}{r^2} + \dfrac{6D}{r^4}\right) \\ \sigma_\theta = \cos 2\theta\left(12Ar^2 + 2B + \dfrac{6D}{r^4}\right) \\ \tau_{r\theta} = \sin 2\theta\left(6Ar^2 + 2B - \dfrac{2C}{r^2} - \dfrac{6D}{r^4}\right) \end{cases} \tag{e}$$

将式（e）代入边界条件式（a）和式（b）得：

$$2B + \frac{4C}{b^2} + \frac{6D}{b^4} = -q$$

$$6Ab^2 + 2B - \frac{2C}{b^2} - \frac{6D}{b^4} = -q$$

$$2B + \frac{4C}{a^2} + \frac{6D}{a^4} = 0$$

$$6Aa^2 + 2B - \frac{2C}{a^2} - \frac{6D}{a^4} = 0$$

求解 A、B、C、D，然后命 $a/b \to 0$，得：

$$A = 0,\ B = -\frac{q}{2},\ C = qa^2,\ D = -\frac{qa^4}{2}$$

将各已知值代入式（e），得应力分量的最后表达式

$$\begin{cases} \sigma_r = q\cos2\theta\left(1 - \dfrac{a^2}{r^2}\right)\left(1 - \dfrac{3a^2}{r^2}\right) \\ \sigma_\theta = -q\cos2\theta\left(1 + \dfrac{3a^4}{r^4}\right) \\ \tau_{r\theta} = -q\sin2\theta\left(1 - \dfrac{a^2}{r^2}\right)\left(1 - \dfrac{3a^2}{r^2}\right) \end{cases} \tag{5-3}$$

5.1.3 矩形薄板各单边受均匀拉力作用

中心有小孔的矩形薄板，只有左右两边受有均布拉力 q，如图 5-4 所示。

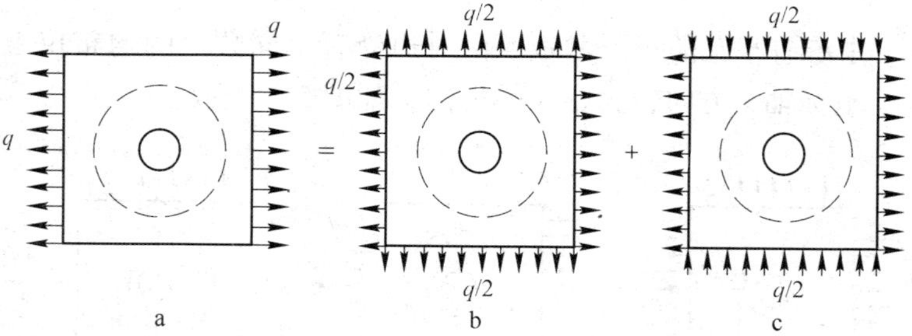

图 5-4 矩形薄板各单边受均匀拉力作用孔边应力集中

将（a）分解为（b）+（c）。将式（5-2）和式(5-3)中的 q 用 $q/2$ 替代并加和，即得矩形薄板各单边受均匀拉力作用下的

应力。

$$\begin{cases}\sigma_r = \dfrac{q}{2}\left(1 - \dfrac{a^2}{r^2}\right) + \dfrac{q}{2}\cos 2\theta\left(1 - 4\dfrac{a^2}{r^2} + 3\dfrac{a^4}{r^4}\right) \\ \sigma_\theta = \dfrac{q}{2}\left(1 + \dfrac{a^2}{r^2}\right) - \dfrac{q}{2}\cos 2\theta\left(1 + \dfrac{3a^4}{r^4}\right) \\ \tau_{r\theta} = -\dfrac{q}{2}\sin 2\theta\left(1 + 2\dfrac{a^2}{r^2} - 3\dfrac{a^4}{r^4}\right)\end{cases} \tag{5-4}$$

沿着孔边，$r=a$，周向应力为：

$$\sigma_\theta = q(1 - 2\cos 2\theta) \tag{5-5}$$

沿 y 轴，$\theta=90°$，周向应力为：

$$\sigma_\theta = q\left(1 + \frac{1}{2}\frac{a^2}{r^2} + \frac{3}{2}\frac{a^4}{r^4}\right) \tag{5-6}$$

由此可见，在孔边最大拉应力为所施加载荷的 3 倍，周向应力随着远离孔边而急剧下降并趋近于 q。

沿 x 轴，$\theta=0°$，周向应力为

$$\sigma_\theta = \frac{q}{2}\frac{a^2}{r^2}\left(1 - 3\frac{a^2}{r^2}\right) \tag{5-7}$$

5.1.4 矩形薄板各两边受不同均匀拉力作用

中心有小孔的矩形薄板，两对边受有不同数值的均布拉力，q_1 沿坐标轴 x 方向，q_2 沿 y 轴方向，如图 5-5 所示。

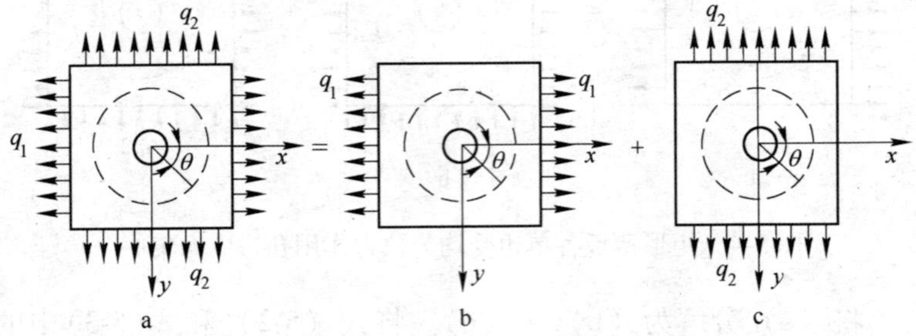

图 5-5　矩形薄板各两边受不同均匀拉力作用孔边应力集中

将（a）分解为（b）+（c），用θ代入式（5-4）加用$\theta+90°$代入式（5-4），则矩形薄板各两边受不同均匀拉力作用应力分量为：

$$
\left\{
\begin{aligned}
\sigma_r &= \left[\frac{q_1}{2}\left(1-\frac{a^2}{r^2}\right)+\frac{q_1}{2}\cos 2\theta\left(1-4\frac{a^2}{r^2}+3\frac{a^4}{r^4}\right)\right]+ \\
&\quad \left[\frac{q_2}{2}\left(1-\frac{a^2}{r^2}\right)+\frac{q_2}{2}\cos 2(\theta+90°)\left(1-4\frac{a^2}{r^2}+3\frac{a^4}{r^4}\right)\right] \\
\sigma_\theta &= \left[\frac{q_1}{2}\left(1+\frac{a^2}{r^2}\right)-\frac{q_1}{2}\cos 2\theta\left(1+3\frac{a^4}{r^4}\right)\right]+ \\
&\quad \left[\frac{q_2}{2}\left(1+\frac{a^2}{r^2}\right)-\frac{q_2}{2}\cos 2(\theta+90°)\left(1+3\frac{a^4}{r^4}\right)\right] \\
\tau_{r\theta} &= \left[-\frac{q_1}{2}\sin 2\theta\left(1+2\frac{a^2}{r^2}-3\frac{a^4}{r^4}\right)\right]+ \\
&\quad \left[-\frac{q_2}{2}\sin 2(\theta+90°)\left(1+2\frac{a^2}{r^2}-3\frac{a^4}{r^4}\right)\right]
\end{aligned}
\right.
\tag{5-8}
$$

沿孔边，$r=a$处，周向应力为

$$\sigma_\theta=[q_1-2q_2\cos 2\theta]+[q_2-2q_2\cos 2(\theta+90°)]$$

最大周向应力将发生在$\theta=0$或$\theta=\pi/2$处。

当$\theta=0$时，

$$\sigma_\theta=-q_1+3q_2 \tag{5-9}$$

当$\theta=\pi/2$时，

$$\sigma_\theta=3q_1-q_2 \tag{5-10}$$

若$q_1>q_2$，最大周向应力发生在$\theta=\pi/2$处；

若$q_2>q_1$，最大周向应力发生在$\theta=0$处。

5.2 壳体应力集中问题

在壳体开孔附近的应力分析中，因为壳体开孔较小时

（$d/D < 0.1\sqrt{D/2S}$），可以忽略壳体曲率的影响，尤其是在大直径壳体上，开孔直径与壳体的半径相比是很小的，所以用平板上开小孔来近似壳体开孔具有足够的精确。壳体开大孔时，虽然不能使用平板开小孔的应力分析，但可借用开小孔的结果来作定性分析。

5.2.1　球壳开小圆孔

球壳由操作内压产生的薄膜应力为：

$$\sigma = \frac{pR}{2S}$$

取 $q_1 = q_2 = \sigma$，得小孔边缘应力为：

$$(\sigma_\theta)_{0,\pi} = 3q_1 - q_2 = 2\sigma$$

$$(\sigma_\theta)_{\pm\frac{\pi}{2}} = 3q_2 - q_1 = 2\sigma$$

故在孔边的最大应力为：

$$\sigma_{\max} = 2\sigma$$

应力集中系数为：

$$K = \frac{\sigma_{\max}}{\sigma} = 2$$

5.2.2　圆柱壳开小孔

如图 5-6 所示。

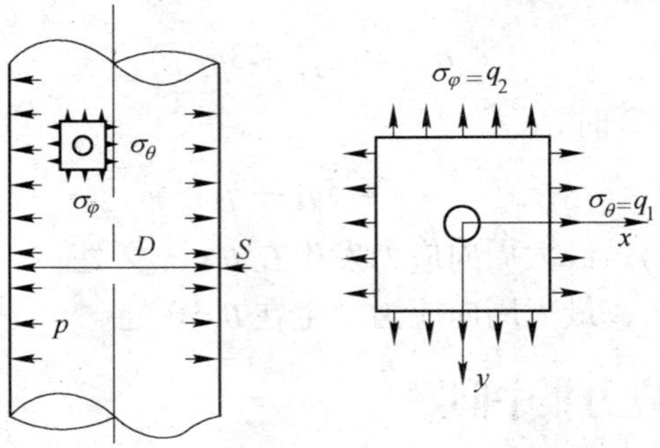

图 5-6　圆筒孔边应力集中

壳体由操作内压引起的基本应力为：

$$\sigma_{\varphi} = \frac{pR}{2S}, \sigma_{\theta} = \frac{pR}{S}$$

取 $q_1 = \sigma_{\varphi} = (1/2)\sigma_{\theta}, q_2 = \sigma_{\theta}$，得：

$$(\sigma_{\theta})_{0,\pi} = 3q_2 - q_1 = 2.5\sigma_{\theta}$$

$$(\sigma_{\theta})_{\pm\frac{\pi}{2}} = 3q_1 - q_2 = 0.5\sigma_{\theta}$$

故在孔边的最大应力发生在筒体轴向截面上：

$$\sigma_{\max} = 2.5\sigma_{\theta}$$

应力集中系数为：

$$K = \frac{\sigma_{\max}}{\sigma} = \frac{2.5\sigma_{\theta}}{\sigma_{\theta}} = 2.5$$

6 外压容器力学分析

6.1 外压容器的稳定性问题

6.1.1 外压容器的特点

壳体外部压力大于壳体内部压力的容器称为外压容器。受均布外压的圆筒，其薄膜应力分布规律与内压圆筒一样，不同的只是内压圆筒是拉应力，而外压圆筒为压应力。其值为：

$$\sigma_r = -\frac{pR}{2S}, \sigma_z = -\frac{pR}{S}$$

当薄壁容器受外压作用时，在外压达到某一临界值之前，筒壁上的任一微元体均在压应力作用下处于一种稳定的平衡状态。这种压应力如果大到材料的屈服点或抗压强度，将和内压圆筒一样，引起筒体强度破坏。但实践证明经常是外压圆筒筒壁内压缩应力的数值还远远低于材料的屈服点时，筒壁就已经被突然压瘪或发生褶皱，载荷卸去后，壳体不能恢复原状，即在一瞬间失去自身原来的形状，以致使容器破坏，这种现象称为失稳。在失稳时，伴随着突然的变形，在筒壁内产生了以弯曲应力为主的复杂的附加应力。外压容器发生失稳时的最低外压力称为临界压力，以 p_{cr}表示。此时壳壁中的压应力称为临界应力 σ_{cr}。外压容器失稳的实质是容器由一种平衡状态跃变到另一种新的平衡状态，即器壁内的应力由单纯的压应力状态跃变到主要是弯曲应力状态。

6.1.2 失稳后的几何特征

圆筒失稳后，横断面的形状与压杆失稳变形情况相似，呈正弦波形曲线，其变形波数 n 可能等于 2、3、4、5、…其取决于圆筒的结构尺寸和约束情况。具体形状见图 6-1。

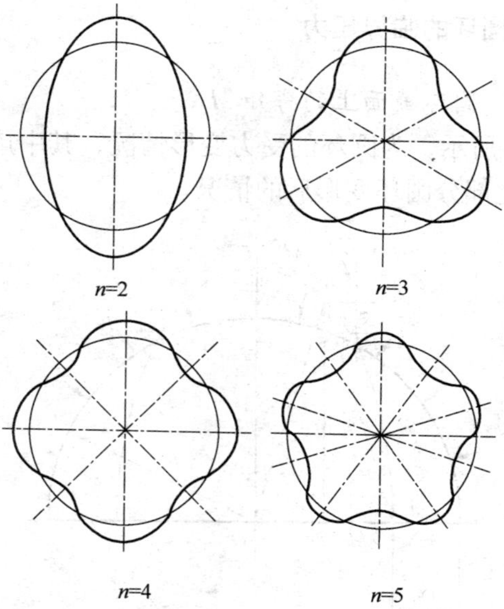

图 6-1　失稳时的波形

6.2　外压圆筒失稳力学研究

6.2.1　外压圆筒的基本模型

外压圆筒既受有均匀径向外压作用，又受轴向压力的作用，但轴向压力对圆筒的稳定性影响很小，一般可忽略不计。对于长圆筒其特点是 L/D 较大，容易压扁，变形破坏时 $n=2$。因而其中间部分将不受两端端盖或加强圈的支持作用的影响。因此可用离边界较远处切出圆环来代替圆筒。在长圆筒中沿轴向切出宽度为 1 个单位的圆环，如图 6-2 所示。建立圆环绕曲线微分方程，进而求出长圆筒临界压力公式。

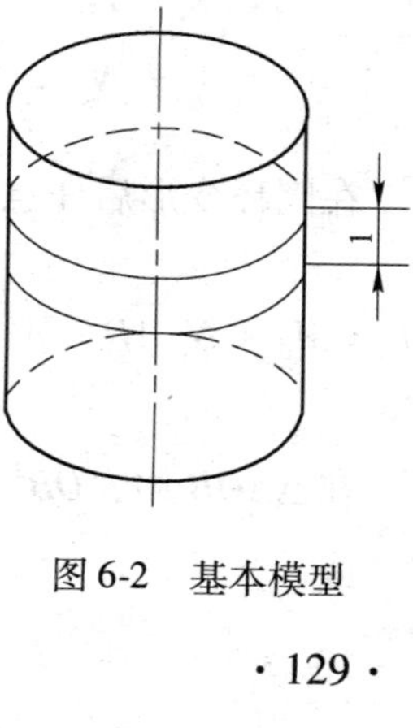

图 6-2　基本模型

6.2.2 外压圆环的临界压力

6.2.2.1 圆环截面上的弯矩 M

如图 6-3 所示，为圆环的受力变形情况，其中虚线表示在外压 p 作用下此部分圆环变形后的情况。

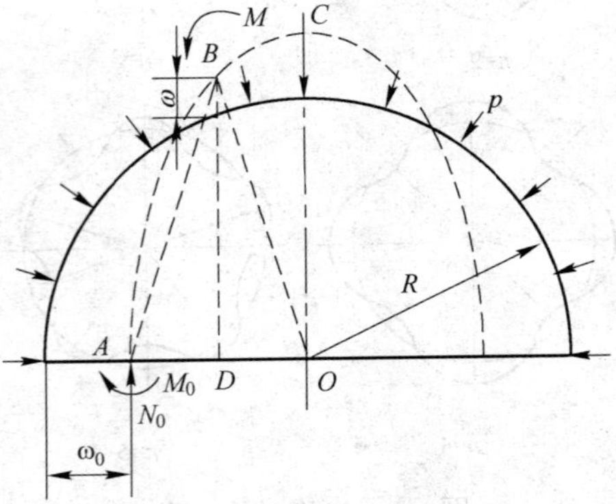

图 6-3 圆环的受力变形情况

ω_0—圆环截面中的最大径向位移；M_0—具有最大位移 ω_0 处的弯矩

在外压 p 及 R 一定时，ω_0、M_0 可视为常数。在 A 点还作用一压缩力 N_0，考虑到沿轴向宽度为 1 单位的圆环的静力平衡，可得

$$N_0 = 1 \times p \times \overline{AO} = p(R - \omega_0)$$

在圆环变形后任意截面 B 处的弯矩由静力平衡得

$$M = M_0 + N_0\,\overline{AD} - p\,\overline{AB} \cdot \frac{1}{2}\overline{AB} = M_0 + P\left(\overline{AD} \cdot \overline{AD} - \frac{1}{2}\overline{AB^2}\right)$$

在△AOB 中，$\overline{OB^2} = \overline{AB^2} + \overline{AO^2} - 2\,\overline{AO} \cdot \overline{AD}$

或

$$\frac{1}{2}\overline{AB^2}-\overline{AO}\cdot\overline{AD}=\frac{1}{2}(\overline{OB^2}-\overline{AO^2})=\frac{1}{2}[(R-\omega)^2-(R-\omega_0)^2]$$

由于 ω 和 ω_0 比 R 小很多，因此微量 ω^2 及 ω_0^2 可忽略不计，于是得：

$$\frac{1}{2}\overline{AB^2}-\overline{AO}\cdot\overline{AD}=R(\omega_0-\omega)$$

所以 $$M=M_0-pR(\omega_0-\omega) \tag{6-1}$$

当波数为 $n=3$、4、5、…时，上式亦适用。

6.2.2.2　圆环变形的几何关系

取圆环中面上一微小线段 AB，长度为 ds，以 $n=2$ 为例（不管其变形后的波数是多少，都可用此圆近似），如图 6-4 所示。

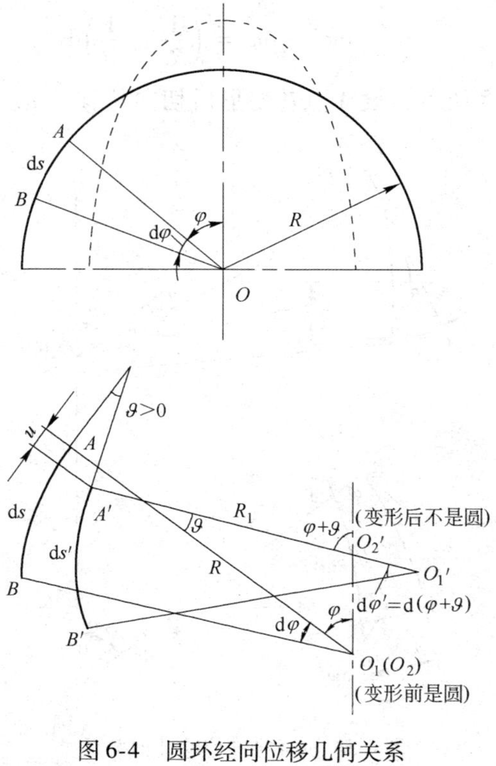

图 6-4　圆环经向位移几何关系

变形前，线段 AB 是圆的一部分，$\mathrm{d}s = AB$，曲率半径为 R，所对应的圆心角为

$$\mathrm{d}\varphi = \frac{\mathrm{d}s}{R}$$

变形后，线段 $A'B'$ 近似成圆的一部分，曲率半径为 R_1，所对应的圆心角为

$$\mathrm{d}\varphi' = \mathrm{d}\varphi + \mathrm{d}\vartheta$$

则
$$\mathrm{d}\varphi' = \frac{\mathrm{d}s'}{R_1}$$

考虑到圆环的失稳是由于圆环中出现弯曲应力所致，故可认为圆环中面在变形后不会伸缩，即 $A'B' = \mathrm{d}s' = \mathrm{d}s$

故

$$\mathrm{d}\vartheta = \mathrm{d}\varphi' - \mathrm{d}\varphi = \left(\frac{1}{R_1} - \frac{1}{R}\right)\mathrm{d}s$$

如图 6-5 所示，设 A 点在变形后切向位移为 u，径向位移为

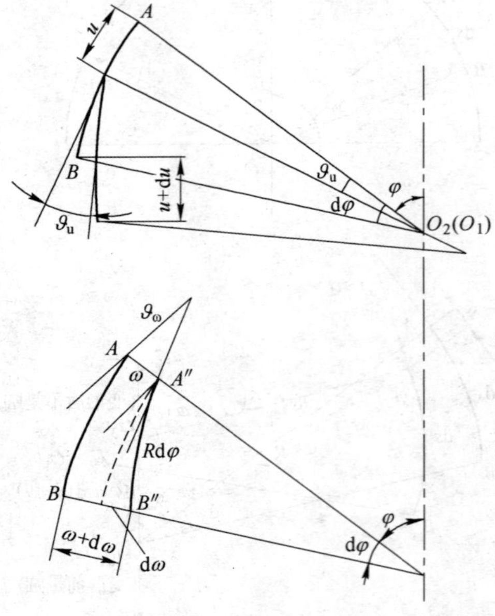

图 6-5　圆环径向位移几何关系

ω，则由于切向位移使线段产生转角（等于法线的转角）为

$$\vartheta_u = \frac{u}{R}$$

由于径向位移使线段产生转角为

$$\vartheta_\omega = \frac{\omega + d\omega - \omega}{(R - u)d\varphi} \approx \frac{d\omega}{Rd\varphi} = \frac{d\omega}{ds}$$

因此

$$\vartheta = \vartheta_u + \vartheta_\omega = \frac{u}{R} + \frac{d\omega}{ds}$$

$$d\vartheta = \frac{du}{R} + \frac{d^2\omega}{ds^2} \cdot ds$$

由于切向位移使线段伸长为 $u + du - u = du$，径向位移使线段伸长为（$R - \omega$）$d\varphi - Rd\varphi = -\omega d\varphi$，但中面的线段伸长为零，故

$$du - \omega d\varphi = 0$$

$$du = \omega d\varphi = \frac{\omega ds}{R}$$

所以

$$d\vartheta = \left(\frac{\omega}{R^2} + \frac{d^2\omega}{ds^2}\right)ds$$

$$\frac{1}{R_1} - \frac{1}{R} = \frac{\omega}{R^2} + \frac{d^2\omega}{ds^2} = \frac{1}{R^2}\left(\omega + \frac{d^2\omega}{d\varphi^2}\right) \tag{6-2}$$

6.2.2.3　物理关系

根据材料力学可知，纯弯曲时$\frac{1}{R_1} - \frac{1}{R} = \frac{M}{EI}$，因此将式（6-1）和式（6-2）代入得圆环的挠曲线微分方程

$$\frac{d^2\omega}{d\varphi^2} + \omega = -\frac{R^2}{EI}[M_0 - pR(\omega_0 - \omega)]$$

式中　R——圆环变形前的曲率半径；

R_1——圆环变形后的曲率半径；

EI——圆环的抗弯刚度；

M——圆环变形后任一点弯矩，由平衡方程求出；

$\frac{1}{R_1}-\frac{1}{R}$——圆环变形前后的曲率变化，由圆环变形几何关系可导出。

6.2.2.4　圆环的临界压力

由圆环的挠曲线微分方程得

$$\frac{d^2\omega}{d\varphi^2}+(1+\frac{pR^3}{EI})\omega=\frac{-M_0R^2+pR^3\omega_0}{EI}$$

令 $K^2=1+\frac{pR^3}{EI}$得

$$\frac{d^2\omega}{d\varphi^2}+k^2\omega=\frac{-M_0R^2+pR^3\omega_0}{EI}$$

此二阶非齐次常系数微分方程的全解为：

$$\omega=C_1\sin K\varphi+C_2\cos K\varphi+\frac{-M_0R^2+pR^3\omega_0}{EI+pR^3}$$

由于圆环是封闭的，当 φ 增加到 2π 时，ω 应为原来值，所以可以断定在 2π 的周期中，ω 仍是 φ 的周期性函数，而 K 表示波数，故应为整数，即 $K=1$，2，3，…，n，…才能满足：

$$\sin n(2\pi+\varphi)=\sin n\varphi$$

$$\cos n(2\pi+\varphi)=\cos n\varphi$$

则 $1+\frac{pR^3}{EI}=1$，4，9，…，n^2，…

由此得临界压力的一般式为：

$$(p_{cr})_{k=n}=\frac{(n^2-1)EI}{R^3} \tag{6-3}$$

讨论：当 $n=1$ 时，$p_{cr}=0$，即不变形的圆环。

当 $n=2$ 时，得最小的（第一）临界压力为：

$$p_{cr}=\frac{3EI}{R^3} \tag{6-4}$$

此即圆环失稳的临界压力公式。

6.2.3 圆筒的临界压力与应力

临界压力 p_{cr}反映外压容器元件抵抗失稳的能力。

刚性圆筒的 L/D 值较小，而 δ/D 值较大，刚性较好，其破坏不是丧失稳定而引起的，是因强度不足而产生破坏，计算时，只要满足强度条件即可。

6.2.3.1 长圆筒的临界压力

长圆筒可以忽略两端边界对稳定性的影响，压扁时的波数 $n=2$，临界压力 p_{cr}与 S/D 有关，与 L/D 无关。

如果把圆环看作离边界较远处切出的长圆筒的一部分，在变形时其相邻两侧的金属将抑制圆环的纵向变形，圆筒的抗弯刚度大于圆环的，应采用圆筒的抗弯刚度 D 来代替圆环的抗弯刚度 EI，这样，长圆筒的临界压力为：

$$p_{cr}=\frac{3D}{R^3}$$

抗弯刚度：

$$D=\frac{ES_e^3}{12(1-\mu^2)}$$

所以

$$p_{cr}=\frac{E}{4(1-\mu^2)}\left(\frac{S_e}{R}\right)^3$$

或

$$p_{cr}=\frac{2E}{1-\mu^2}\left(\frac{S_e}{D}\right)^3 \tag{6-5}$$

式中　p_{cr}——长圆筒临界压力，MPa；

S_e——长圆筒的有效厚度 $S_e = S_n - C$，mm；

S_n——长圆筒的名义厚度，mm；

D——长圆筒的中面直径，可近似地取圆筒外径，$D \approx D_0$，mm；

E——圆筒材料的弹性模量，MPa；

μ——圆筒材料的泊松比，对于钢制圆筒，可近似取 $\mu = 0.3$。

此式即通常所称的勃莱斯（Bresse）公式，由 Bresse 在 1866 年导出。

取 $D \approx D_0$，$\mu = 0.3$，则式（6-5）可写为：

$$p_{cr} = 2.2E\left(\frac{S_e}{D_0}\right)^3 \tag{6-6}$$

由于仅受周向均布外压作用，壳体处于单向应力状态，所以临界压力在圆筒壁中仅引起周向压缩应力，称为临界应力，其计算式为

$$\sigma_{cr} = \frac{p_{cr}D_0}{2S_e} = 1.1E\left(\frac{S_e}{D_0}\right)^3 \tag{6-7}$$

6.2.3.2　短圆筒的临界压力

短圆筒必须考虑两端边界对稳定性的影响，失稳时的波数为 $n > 2$ 正整数，临界压力 p_{cr} 与 S/D、L/D 有关。

计算外压短圆筒的临界压力工程上通常用拉默公式，该式是根据简化的米塞斯公式推导而来的近似式。

$$p_{cr} = \frac{2.59E\left(\frac{S_e}{D_0}\right)^{2.5}}{\frac{L}{D_0}} \tag{6-8}$$

式中　L——圆筒的计算长度，mm；

其他符号意义同前。

对于刚性圆筒一般不存在稳定性问题，其破坏是由于强度不足而引起的，故只需进行强度校核。在大多数情况下，这一校核可省略，则：

$$\sigma = \frac{pD}{2(s-c)\varphi} \leqslant [\sigma_{压}] \tag{6-9}$$

式中　φ——焊缝张力，在计算压应力时取 $\varphi = 1$；

$[\sigma_{压}]$——材料许用压应力，取 $\sigma_{压} = \frac{\sigma_s^t}{4}$。

7 卧式容器力学分析

7.1 卧式容器支撑问题

卧式容器的支撑通常采用双支座，而支撑的位置要通过力学分析得以确定。

通常把双支座系统近似简化成一力学模型，即受均布载荷的一端固支、一端铰支的外伸梁，如图 7-1b 所示。由弯矩图 7-1c 可知：梁的危险截面位置在支座截面和梁的跨距中截面处，与尺寸 A 和 L 的比例有关。

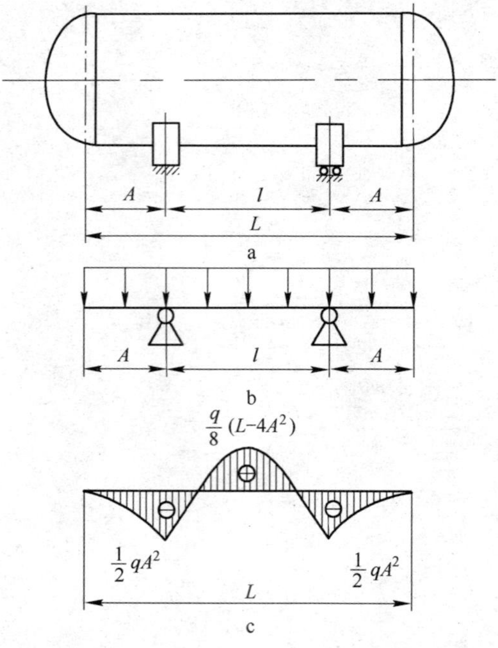

图 7-1 卧式容器支撑

设设备总重为 $2F$，简化成均布载荷 q 为单位长度上的力，每个支座的反力为 F，L 为筒体长度，即两端盖切线间的距离，A 为容器端盖切线至支座中心线的距离。为使容器受力最好，令两危险截面处的弯矩相等，则有

$$\frac{qA^2}{2}=\frac{q}{8}(l^2-4A^2)$$

又因为 $l=L-2A$ 代入得

$$A=\frac{L}{2(1+\sqrt{2})}=0.207L$$

考虑到支座截面处除弯矩以外的其他载荷，而且支座截面处应力较为复杂，故常取支座处圆筒的弯矩略小于跨距中间圆筒的弯矩，通常取 $A\leqslant 0.2L$。

此外，由于封头的抗弯刚度大于圆筒的抗弯刚度，故封头对于圆筒的抗弯刚度具有局部的加强作用。最好使 $A\leqslant 0.5R_m$（R_m 为圆筒的平均半径，通常用圆筒内半径 R_i 代替 R_m），在后面将做介绍。

7.2 载荷分析

我们通过载荷分析进而得到卧式容器的力学模型。卧式容器的载荷有长期载荷、短期载荷、冲击载荷。长期载荷包括设计压力（内压或外压、真空）、容器质量（包括容器自身质量，充满水或所容介质的质量，所有附件及保温层等质量）。短期载荷包括风载荷、地震载荷或雪载荷（取其大值）。

7.2.1 容器筒体受均布载荷 q

如图 7-2 所示，假设卧式容器质量为 $2F$，为简化计算，对于半球形、椭圆形或碟形等凸形封头按容积相等原则，近似折算成筒体直径相等，其相当长度为 $\frac{2}{3}H$（H 为封头的曲面深度）的圆筒，其总重作用的总长度为

$$L' = L + \frac{4}{3}H \tag{7-1}$$

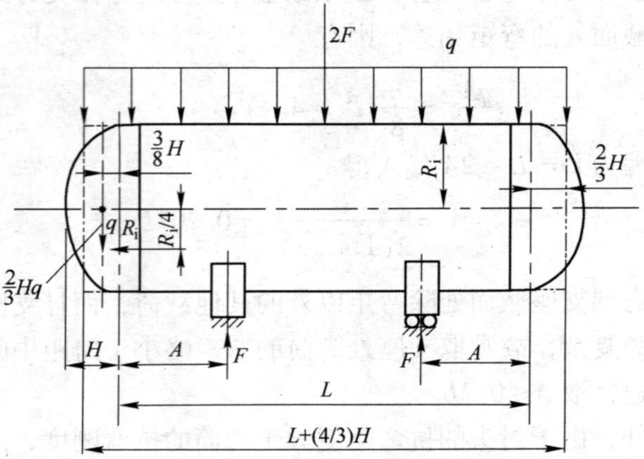

图 7-2　卧式容器外力模型

假设容器总重沿长度方向均匀分布，则作用在总长度上的单位长度均布载荷为

$$q = \frac{2F}{L'} = \frac{2F}{L + \frac{4}{3}H} \tag{7-2}$$

7.2.2　鞍座反力 F

（1）容器两端为凸形封头时：

$$F = \frac{1}{2}q\left(L + \frac{4}{3}H\right) \tag{7-3}$$

（2）容器两端为平封头（$H = 0$）时：

$$F = \frac{1}{2}qL \tag{7-4}$$

（3）通常设备质量为已知，则

$$F = \frac{mg}{2} \tag{7-5}$$

式中，m 为设备质量。

7.2.3 水平力矩

由于封头中充满液体，液体静压力对封头作用一水平向外推力，如图 7-3 所示，又因为液体压力 p_1 沿筒体高度按线性规律分布，即其顶部静压为零，底部静压为 $p_0=2\rho g R_i$，所以施加于封头液体静压力产生的水平力矩：

$$m_2 = \int p_1 \mathrm{d}S \cdot y$$

式中 p_1——液体静压，$p_1=(R_i-y)\cdot\gamma$；

γ——液体重度。

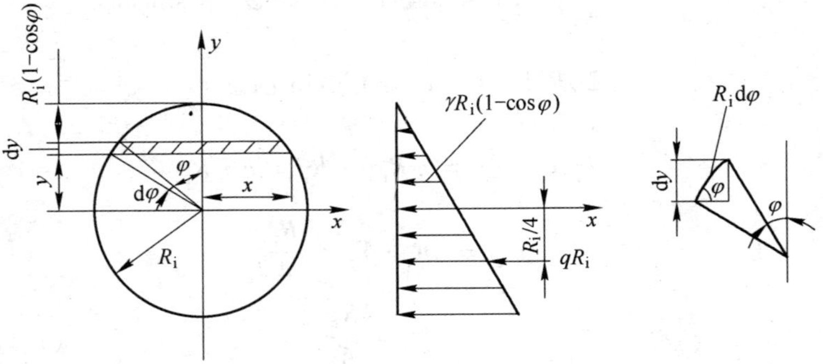

图 7-3　液体静压力及其合力

微面积　　$\mathrm{d}S=2x\mathrm{d}y$

由于　　$p_1=\gamma R(1-\cos\varphi)$

$$\mathrm{d}S=2R_i\sin\varphi\mathrm{d}y$$

$$y=R_i\cos\varphi$$

$$\mathrm{d}y=R_i\mathrm{d}\varphi\cdot\sin\varphi$$

$$m_2 = -\int_0^{\pi} y p_1 \mathrm{d}S = -2\gamma R_i^4 \int_0^{\pi} (1-\cos\varphi)\sin^2\varphi \cdot \cos\varphi \mathrm{d}\varphi$$

$$= -2\gamma R_i^4 \left(\int_0^{\pi} \sin^2\varphi \mathrm{d}\varphi - \int_0^{x} \sin^2\varphi \cdot \cos^2\varphi \mathrm{d}\varphi \right)$$

$$= (-2\gamma R_i^4)\left(-\frac{\pi}{8}\right) = \frac{R_i^4}{4}\pi R_i^2 \gamma = \frac{R_i^2}{4}q$$

即：

$$m_2 = \frac{qR_i^2}{4} \tag{7-6}$$

其合力为：

$$\int_0^{\pi} p_1 \mathrm{d}S = \int_0^{\pi} \gamma R_i (1-\cos\varphi) \cdot 2R_i \sin\varphi \mathrm{d}y$$

$$= \int_0^{\pi} \gamma R_i (1-\cos\varphi) \cdot 2R_i \sin\varphi \cdot R_i \sin\varphi \mathrm{d}\varphi$$

$$= 2\gamma R_i^3 \int_i^{\pi} (1-\cos\varphi) \cdot \sin^2\varphi \mathrm{d}\varphi$$

$$= 2\gamma R_i^3 \cdot \frac{\pi}{2} = \pi R_i^2 \gamma \cdot R_i = q \cdot R_i$$

又

$$m_2 = qR_i \cdot Y_c = \frac{R_i^2}{4}q$$

故

$$Y_c = \frac{R_i}{4} \tag{7-7}$$

7.2.4 封头质量引起的载荷

封头本身和封头中物料的重量为$\frac{2}{3}Hq$，此重力作用在封头（含物料）的重心上，对于半球形封头，重心的位置$e = \frac{3}{8}H$（e为重心到封头切线的距离），对于其他凸形封头，也近似取$e = \frac{3}{8}H$，按力平衡定理，此力可用作用在梁端点的剪力F_q和力偶m_1代替。

$$m_1 = -F_q \cdot \frac{3}{8}H = -\frac{2}{3}Hq \cdot \frac{3}{8}H = -\frac{H^2}{4}q \tag{7-8}$$

则 $m = m_2 + m_1 = \dfrac{q}{4}\left(R_i^2 - H^2\right)$

综上所述，近似 $A + \dfrac{2}{3}H \approx A$，则建立卧式容器力学模型如图 7-4 所示。

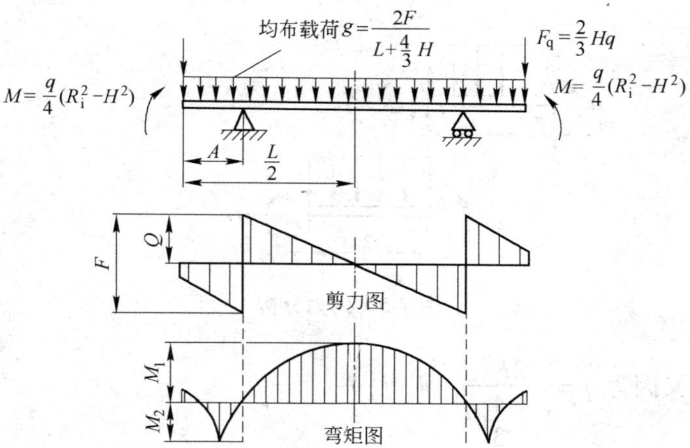

图 7-4　卧式容器力学模型

7.3　内力分析

如图 7-5 所示。

7.3.1　弯矩 M_2

鞍座处圆筒截面上的轴向弯矩 M_2：

$$
\begin{aligned}
M_2 &= -\frac{2}{3}Hq \cdot A - qA \cdot \frac{A}{2} + M_3 \\
&= -\frac{2}{3}HqA - qA \cdot \frac{A}{2} + \left(\frac{R_i^2 - H^2}{4}\right)q \\
&= -q\left(\frac{2}{3}HA + \frac{H^2}{4} + \frac{A^2}{2} - \frac{R_i^2}{4}\right)
\end{aligned}
$$

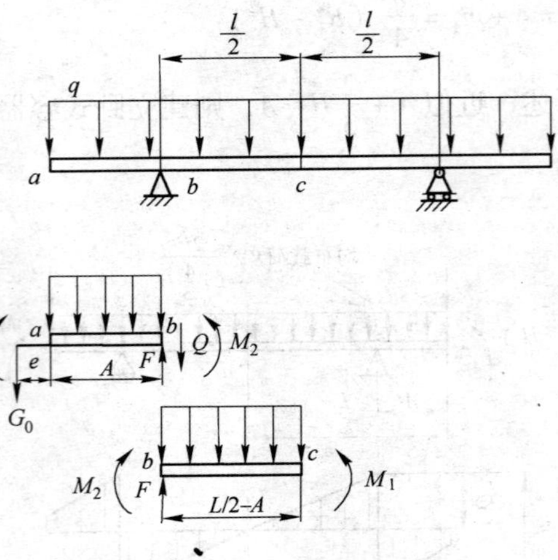

图 7-5　内力分析

又因为 $q=\dfrac{2F}{L+\dfrac{4}{3}H}$，则有：

$$M_2 = -FA\left(1-\frac{1-\dfrac{A}{L}+\dfrac{R_i^2-H^2}{2AL}}{1+\dfrac{4H}{3L}}\right)$$

令 $C_2=1+\dfrac{4H}{3L}$，$C_3\dfrac{R_i}{A}=\dfrac{R_i^2-H}{2AL}$，则 $C_3=\dfrac{R_i^2-H^2}{2LR_i}$，将 C_2、$C_3\times\dfrac{R_i}{A}$代入上式，可简化为：

$$M_2 = -\frac{FA}{C_2}\left(1-\frac{A}{L}-C_3\frac{R_i}{A}-C_2\right) \tag{7-9}$$

式中，M_2 一般为负值，表示上半圆筒受拉伸，下半圆筒受压缩。

7.3.2　弯矩 M_1

圆筒中间处截面的轴向弯矩 M_1：

$$M_1 = M + F \cdot \frac{l}{2} - G_0 \cdot \left(A + \frac{l}{2}\right) - q\left(A + \frac{l}{2}\right) \cdot \frac{A + \frac{l}{2}}{2}$$

$$= M_2 + F\left(\frac{L}{2} - A\right) - G_0 \frac{L}{2} - q\frac{L^2}{8}$$

式中，$G_0 = \frac{2}{3}Hq$。

将 $M_3 = \left(\frac{R_i^2 - H^2}{4}\right) \cdot q$，$Q_0$ 代入上式：

$$M_1 = \left(\frac{R_i^2}{4} - \frac{H^2}{4}\right)q + F\left(\frac{L}{2} - A\right) - \frac{2}{3}Hq \cdot \frac{L}{2} - q\frac{L^2}{8}$$

$$= -q\left(\frac{H^2}{4} + \frac{HL}{3} + \frac{L^2}{8} - \frac{R_i^2}{4}\right) + F\left(\frac{L}{2} - A\right)$$

将 $q = \frac{2F}{L + \frac{4}{3}H}$ 代入整理得：

$$M_1 = \frac{FL}{4}\left(\frac{1 + 2\frac{R_i^2 - H^2}{L^2}}{1 + \frac{4H}{3L}} - \frac{4A}{L}\right)$$

令

$$\frac{1 + 2\frac{R_i^2 - H^2}{L^2}}{4\left(1 + \frac{4H}{3L}\right)} = \frac{0.25 + C_3 \cdot \frac{R_i}{L}}{C_2} = C_1$$

则

$$M_1 = F(C_1 L - A) \tag{7-10}$$

式中，一般 M_1 为正值，表示上半圆筒受压，下半圆筒受拉。

7.3.3 剪力 Q

现在只讨论支座截面上的剪力，因为对于承受均匀载荷的外伸筒支梁，其跨距中点处截面的剪力等于零。

（1）当支座离封头切线距离 $A>0.5R_i$ 时，应计及外伸圆筒和封头两部分重量的影响，在支座处截面的剪力为

$$Q = F - q\left(A + \frac{2}{3}H\right) = F\left(\frac{L-2A}{L+\frac{4}{3}H}\right) \tag{7-11}$$

（2）当支座离封头切线距离 $A \leqslant 0.5R_i$ 时，在支座处截面上的剪力为 $Q=F$。

综上所述，根据 $\frac{dQ}{dx}=Q$、$\frac{dM}{dx}=Q$，可绘出剪力，弯矩图，见图 7-4。

7.4 应力分析

对于双鞍座卧式设备，根据操作压力和温度，在初步设计确定设备的壁厚以后（不包括腐蚀度等附加量），考虑到双鞍座卧式设备的受载荷特点必须验算以下应力，即：鞍座处截面和跨中截面的经向（轴向）应力、鞍座处截面的周向应力及剪应力。

如果验算不符合要求，则应加大计算壁厚或采取加强措施。

7.4.1 圆筒轴向应力

圆筒中的轴向应力由两部分组成：一部分是由轴向弯曲力矩引起的轴向弯曲应力；另一部分由设计压力引起的轴向应力。

如图 7-6 所示，在操作压力和弯矩的作用下，筒体轴向应力

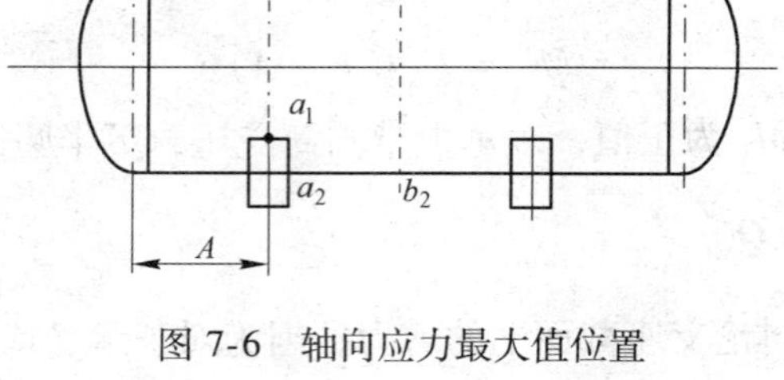

图 7-6　轴向应力最大值位置

的最大值可能出现在鞍座处截面或跨距中间截面，对于正压操作的卧式容器设备最大拉应力可能出现在（a_1）或 b_2 点，a_2、b_1 两点可能出现压应力；对于负压操作的设备最大压应力可能在 a_2 或 b_1 点上，此时（a_1）、b_2 两点可能出现拉应力，如果考虑“扁塌”现象，上述鞍座处截面的最大拉应力将出现在 a_1 点（鞍座角边处），而最大压应力仍处在 a_2 点。

7.4.1.1　轴向弯曲应力

卧式容器同受均布载荷两支点的外伸梁一样，须校核危险截面的承载能力，但卧式容器的结构特点与等截面的梁不同，须分别校核支座处与圆筒中间处截面的弯曲强度。

在圆筒中间处的截面惯性矩和截面系数：

$$I_{bx} = \pi R_m^2 S_e$$

$$W_b = \frac{I_{bx}}{R_m} = \pi R_m^2 S_e \tag{7-12}$$

在鞍座处圆筒的截面惯性矩和截面系数：

当鞍座距封头较近（即 $A \leqslant 0.5R_m$）或在鞍座平面上设有加强圈时，均使圆筒得到加强，从而圆筒整个截面都能有效地抵抗弯矩作用，在这种情况下，圆筒截面惯性矩和截面系数与圆筒中间处情况相同。

即

$$I_{ax} = I_{bx} = \pi R_m^2 S_e$$

$$W_a = W_b = \frac{I_{bx}}{R_m} = \pi R_m^2 S_e \tag{7-13}$$

在鞍座平面上无加强圈且 $A > 0.5R_m$ 的不被封头加强的圆筒，由于筒体刚性不足（壁厚薄又不经加强），根据 zick（齐克）实验的结论，在支座上部的圆筒，由于周向弯矩的作用，使鞍座上部的圆筒发生变形，犹如“扁塌”。如图 7-7 所示。

“扁塌”过后，这一部分筒体不能起到承载的作用，就像鞍座上面部分圆筒被“割去”一样，而成为无效区，故减少了圆筒承受弯矩的有效截面积。根据 zick 的建议，抵抗弯矩 M_2 的有

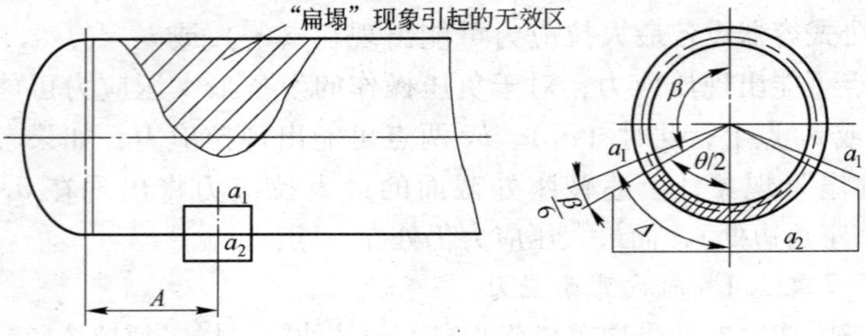

图 7-7 "扁塌"现象

效截面积为：由鞍座竖直中心线向两侧量起的 Δ 圆弧，2Δ 圆弧之内的圆筒截面积。半圆心角 Δ 等于鞍座包角 θ 之半加上 $\frac{\beta}{6}$，即 $\Delta=\frac{\theta}{2}+\frac{\beta}{6}=\frac{1}{12}(360°+5\theta)\left(\beta=\pi-\frac{\theta}{2}\right)$。根据材料力学可推得此截面的惯性矩 I_{x1} 及 a_1、a_2 两处的截面系数，分别为 W_{a1}、W_{a2}。

A 圆筒中间处截面的轴向弯曲应力

在横断面的最高点（b_1 点）处

$$\sigma_1'=-\frac{M_1}{W_b}=\frac{M_1}{\pi R_m^2 S_e} \tag{7-14}$$

在横截面的最低点（b_2 点）处

$$\sigma_2'=-\frac{M_1}{W_b}=-\frac{M_1}{\pi R_m^2 S_e} \tag{7-15}$$

B 在鞍座处圆筒截面上的轴向弯曲应力

此处轴向弯曲应力的大小，取决于支撑面上圆筒的局部刚性。如圆筒被加强时，则最大拉应力 σ_3' 出现在截面的最高点处（即 a_1 点），则

$$\sigma_3'=-\frac{M_2}{W_{a1}} \tag{7-16}$$

在圆筒截面最低点 a_2 处，产生最大压应力 σ_4'，则

$$\sigma_4' = \frac{M_2}{W_{a2}} \tag{7-17}$$

由于设计压力引起的轴向应力 σ_p

$$\sigma_p = \frac{pR_m}{2S_e} \tag{7-18}$$

7.4.1.2 轴向应力的组合

轴向应力是由弯矩引起的轴向拉伸，压缩应力和由内压（或外压）引起的轴向拉伸（或压缩）应力叠加，并使其不得超过材料在相应温度下的许用应力$[\sigma]^t$，压缩应力不应超过轴向许用临界应力$[\sigma]_{cr}$和材料的许用应力$[\sigma]^t$。

（1）在圆筒中间横截面上，由压力及轴向弯矩引起的轴向应力为：

最高点处

$$\sigma_1 = \frac{pR_m}{2S_e} - \frac{M_1}{2R_m^2 S_e} \tag{7-19}$$

最低点处

$$\sigma_2 = \frac{pR_m}{2S_e} + \frac{M_1}{\pi R_m^2 S_e} \tag{7-20}$$

（2）在支座处圆筒横截面上，由于压力与轴向弯矩引起的轴向应力。

当圆筒在鞍座平面上有加强圈或被封头加强（$A \leqslant R_m/2$）时，轴向应力 σ_3 位于横截面最高点处，当圆筒未被加强时，σ_3 位于靠近水平中心线处。

$$\sigma_3 = \frac{pR_m}{2S_e} - \frac{M_2}{\pi K_1 R_m^2 S_e} \tag{7-21}$$

在横截面最低点处的轴向应力 σ_4：

$$\sigma_4 = \frac{pR_m}{2S_e} + \frac{M_2}{\pi K_2 R_m^2 S_e} \tag{7-22}$$

式中，系数 K_1、K_2 值见表 7-1。

表 7-1　系数 K_1、K_2 值

条　件	鞍座包角 θ/(°)	K_1	K_2
被封头加强的圆筒，即 $A \leqslant R_m/2$ 或在鞍座平面上有加强圈的圆筒	120 135 150	1.0 1.0 1.0	1.0 1.0 1.0
未被封头加强的圆筒，即 $A > R_m/2$，且在鞍座平面上无加强圈的圆筒	120 135 150	0.107 0.132 0.161	0.192 0.234 0.279

7.4.2　切向剪应力

对于竖直剪力 Q，可转化为圆周上的切向剪应力，这一切向剪应力对称于 y 轴，且按切线分布，即在圆筒上任一点都与圆筒相切，有三种情况。

7.4.2.1　鞍座处有加强圈

由于筒体在鞍座处被加强圈加强，故“扁塌”区消除，整个圆截面都能承受载荷，如图 7-8 所示，最大切向剪应力值出现在 $\varphi = \dfrac{\pi}{2}$ 处。

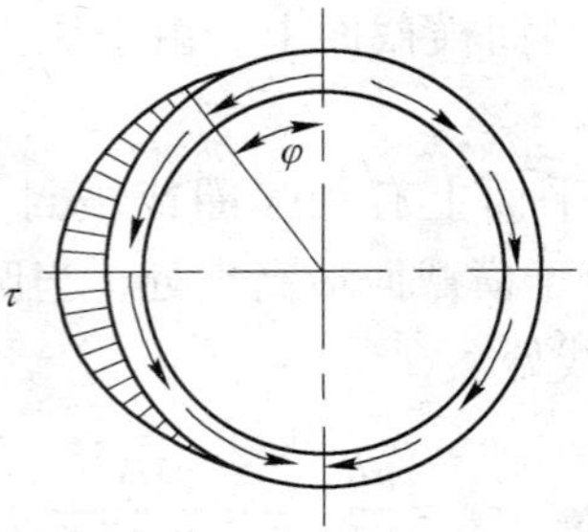

图 7-8　圆筒支座截面上有加强圈时的切向应力

由于筒体在鞍座处被加强圈加强，故“扁塌”区消除，整个圆截面都能承受载荷。从鞍座右侧处筒体中切出 dx 长的圆环 $ABCD$，其受力情况如图 7-9a 所示。

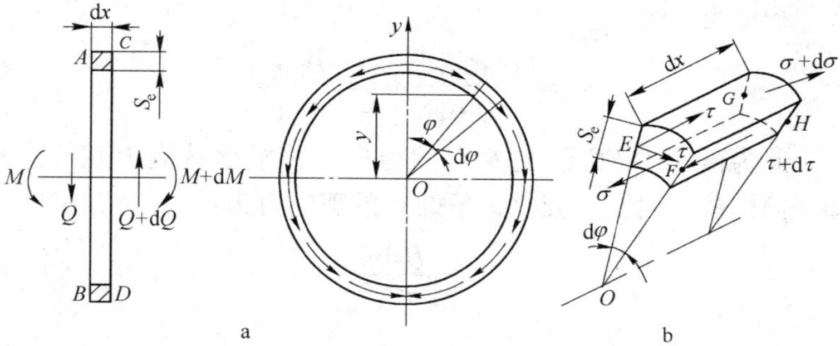

图 7-9　有加强圈的筒体上的剪力和弯矩

对圆环取力矩平衡

$$M - (M + dM) + Qdx = 0$$

得：
$$Q = \frac{dM}{dx} \tag{a}$$

在圆环上取 $d\varphi$ 弧段微元体 $EFHG$，如图 7-9b 所示，由于 $\Sigma F_x = 0$，得：

$$(\sigma + d\sigma)S_eR_id\varphi - \sigma S_eR_id\varphi + \tau S_edx - (\tau + d\tau)S_edx = 0$$

化简得：
$$d\sigma R_id\varphi - d\tau dx = 0$$

即：
$$d\tau = \frac{d\sigma}{dx}R_id\varphi \tag{b}$$

根据正应力 σ 与弯矩 M 的关系，得：

$$\sigma = \frac{My}{I} = \frac{MR_i\cos\varphi}{\pi R_i^3S_e} = \frac{M\cos\varphi}{\pi R_i^2S_e}$$

求导后将式(a)代入,得：

$$\frac{d\sigma}{dx} = \frac{dM}{dx} \cdot \frac{\cos\varphi}{\pi R_i^2S_e} = \frac{Q\cos\varphi}{\pi R_i^2S_e} \tag{c}$$

将式（c）代入式（b），得：

$$d\tau = \frac{Q\cos\varphi}{\pi R_iS_e}d\varphi$$

积分得：

$$\tau = \int_0^{\varphi} \frac{Q\cos\varphi}{\pi R_i S_e} \mathrm{d}\varphi = \frac{Q\sin\varphi}{\pi R_i S_e}$$

此为微元体 EG 面上 E 点的剪应力，根据剪应力互等定理知，筒体横截面上 E 点（φ 角处）的剪应力为：

$$\tau = \frac{Q\sin\varphi}{\pi R_i S_e} \tag{7-23}$$

则：

$$\tau_{\max}\bigg|_{\varphi=\frac{\pi}{2}} = \frac{Q\sin\dfrac{\pi}{2}}{\pi R_i S_e} = \frac{Q}{\pi R_i S_e} = 0.319\frac{Q}{R_i S_e} \tag{7-24}$$

7.4.2.2　无加强的筒体

鞍座处筒体既无加强圈也不受封头加强（$A>0.5R_m$），筒体刚性不足，故需考虑“扁塌”现象。此时由 zick 实验得出，承受剪力的有效截面仅限于一个包角为 $2\left(\frac{\theta}{2}+\frac{\beta}{20}\right)$ 的圆弧截面承担，且最大切向剪应力出现在鞍座边角 A 点处。如图 7-10 所示。

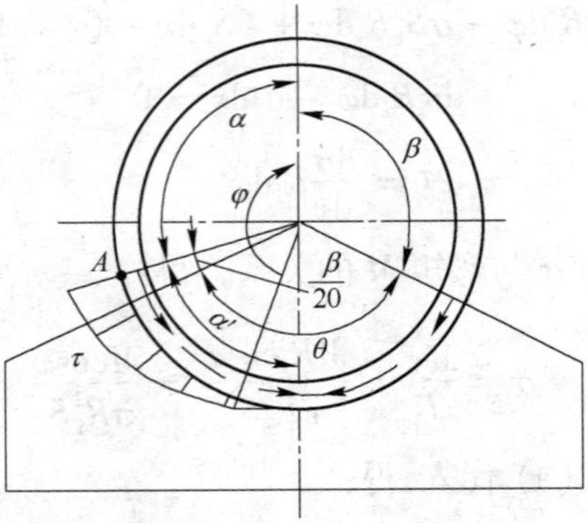

图 7-10　圆筒未被加强时的切向应力

切向剪应力只是 φ 角的正弦函数，因此可假设有效截面上的切向剪应力为常数 B 与 $\sin\varphi$ 的乘积，即：

$$\tau = B\sin\varphi \tag{d}$$

筒体无论加强与否，其横截面上的竖直剪力应保持不变，则有：

$$Q=2\int_{\theta}^{\pi}\tau\sin\varphi S_{e}R_{i}\mathrm{d}\varphi$$

$$=2\int_{\theta}^{\pi}B\sin^{2}\varphi S_{e}R_{i}\mathrm{d}\varphi$$

$$=BR_{i}S_{e}(\pi-\theta+\sin\theta\cos\theta)$$

则有：
$$B=\frac{Q}{R_{i}S_{e}}\frac{1}{\pi-\theta+\sin\theta\cos\theta}$$

将 B 代入式(d)得：

$$\tau=\frac{Q}{R_{i}S_{e}}\frac{\sin\varphi}{\pi-\theta+\sin\theta\cos\theta} \tag{7-25}$$

当 $\varphi=\theta$（即 A 点时）有最大剪应力：

$$\tau_{\max}\Big|_{\varphi=\theta}=\frac{Q}{R_{i}S_{e}}\frac{\sin\theta}{\pi-\theta+\sin\theta\cos\theta} \tag{7-26}$$

7.4.2.3　被封头加强的筒体

筒体上无加强圈，但鞍座靠近封头（$A\leqslant0.5R_{m}$），直接对筒体相当于一个支撑。筒体被封头加强，此时，剪力先由鞍座传至封头，然后作用在圆弧角度为 2α 的切向剪力，又将载荷传回靠封头的鞍座一边，如图 7-11 所示。

Zick 提出在左侧截面上，0～α 范围内，剪力指向下方，切

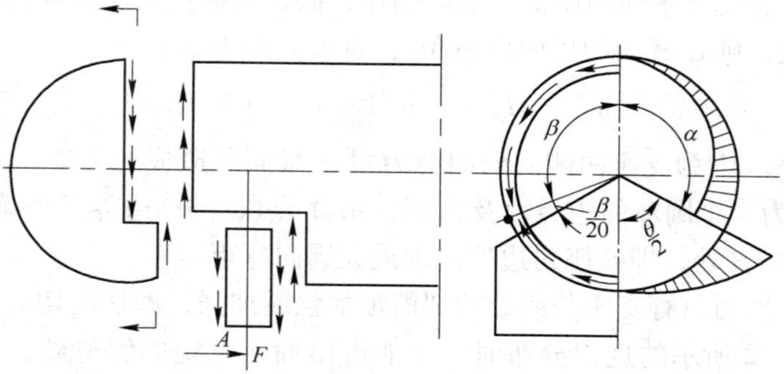

图 7-11　被封头加强圆筒上的切向力

应力分布规律与有加强圈的圆筒相同，在 $\alpha \sim \pi$ 范围内，剪力指向上方，切应力是有加强圈时的圆筒上切应力的 C 倍，为达到力平衡，$\pi \sim \alpha$ 范围的剪应力一定朝上，即：

$$2\int_0^{\alpha} \frac{F\sin\varphi}{\pi R_i S_e} \sin\varphi S_e R_i d\varphi = 2\int_{\alpha}^{\pi} C \frac{F\sin\varphi}{\pi R_i S_e} \sin\varphi S_e R_i d\varphi$$

则：

$$C = \frac{\alpha - \sin\alpha\cos\alpha}{\pi - \alpha + \sin\alpha\cos\alpha}$$

故圆筒中的切应力为：

$$\tau = C \frac{F\sin\varphi}{\pi R_i S_e} = \frac{F\sin\varphi}{\pi R_i S_e} \frac{\alpha - \sin\alpha\cos\alpha}{\pi - \alpha + \sin\alpha\cos\alpha} \tag{7-27}$$

当 $\varphi = \alpha$ 时切应力最大：

$$\tau_{\max}\Big|_{\varphi=\alpha} = \frac{\sin\alpha}{\pi}\left(\frac{\alpha - \sin\alpha\cos\alpha}{\pi - \alpha + \sin\alpha\cos\alpha}\right)\frac{F}{R_i S_e} \tag{7-28}$$

7.4.3 圆筒周向应力

卧式容器在均布载荷和支座反力的作用下，鞍座处的圆筒将发生周向压缩和弯曲，其最大周向应力将发生在鞍座处圆筒截面最低点或鞍座边角处。

7.4.3.1 圆筒在支座平面的周向弯矩

支座截面处圆筒的周向弯矩是由该截面上的切向切应力引起的。若支座平面的筒体有足够刚性，假设其横截面能够保持圆环形状，则 φ 截面的周向弯矩 M_B，对 B 点取弯矩：

$$M_B = M_A - p_A R(1 - \cos\varphi) + M_\tau$$

式中，M_τ为支座两侧的切向剪力对 φ 截面所造成的力矩。p_A 与 M_A 为半个圆环的边界力及力矩，由 A 点（$\varphi = 0$）边界条件确定。在 $\varphi = \beta$ 处，即鞍座角边处出现最大周向弯矩。

然而只有支座截面处的圆筒被加强圈加强，即切向切应力按图 7-12 所示的规律分布时，才能得出周向弯矩的解析解。而当支座截面处的圆筒无加强圈，且 $A \geqslant 0.5R_i$，即圆筒不受任何形

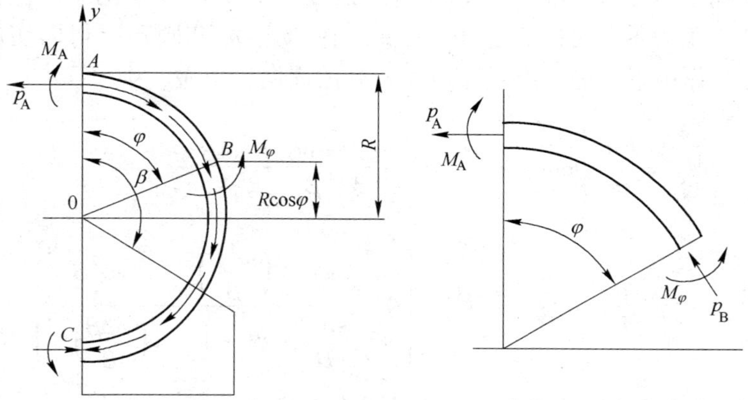

图 7-12　在支座平面处周向弯矩的分析力

式的加强，以及当 $A<0.5R_i$，圆筒由封头加强时，都无法导出切向切应力产生的周向弯矩的解析解，只能对由加强圈所加强的圆筒的结果予以修正处理。

在支座截面上有加强圈的圆筒如图 7-13 所示，仅取鞍座截面上的一半圆筒来讨论($A\leqslant 0.5R_i, Q=F$)。在圆环顶点 A 处，存

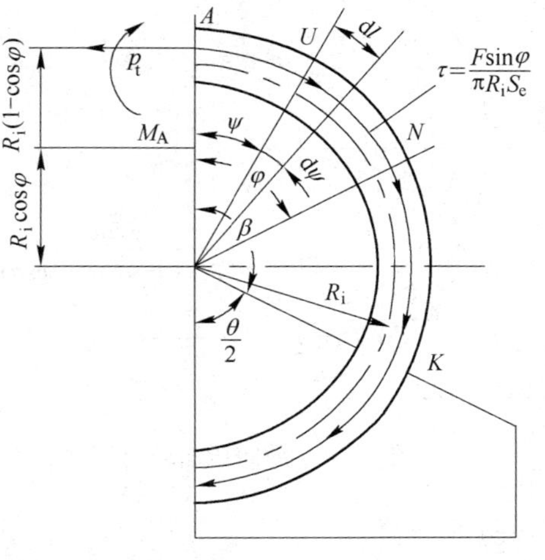

图 7-13　在鞍座平面内有加强圈时半环上的作用力

在周向弯矩 M_A 和周向力 p_t。利用边界条件，即 A 点的水平位移和转角为零，可以确定 M_A 和 p_t。在 M_A、p_t 和圆环上切向切应力 τ 作用下，可得出任意角度 φ 处的周向弯矩 M_φ 为：

$$M_\varphi = \frac{FR_i}{\pi}\left\{\cos\varphi + \frac{\varphi}{2}\sin\varphi - \frac{2}{3}\frac{\sin\beta}{\beta} + \frac{\cos\beta}{2} - \frac{1}{4}\left(\cos\varphi - \frac{\sin\beta}{\beta}\right) \times \left[9 - \frac{4 - 6\left(\frac{\sin\beta}{\beta}\right)^2 + 2\cos^2\beta}{\frac{\sin\beta}{\beta}\cos\beta + 1 - 2\left(\frac{\sin\beta}{\beta}\right)^2}\right]\right\}$$

7.4.3.2　鞍座面上筒体的周向压缩力

圆筒形容器在鞍座面上主要承受两种力，一种是沿径向分布的支座反力；一种是沿周向分布的切向剪力，这两种力均使壳体局部区域产生周向压缩应力。其最大周向压缩力出现在筒体截面上的最低点。如有加强板，则应考虑圆筒和加强板同时承受周向压缩载荷。鞍座直接作用于圆筒上的载荷分布如图 7-14 所示。

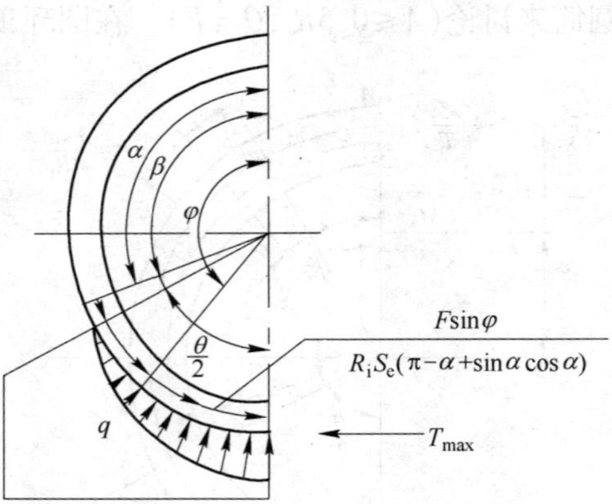

图 7-14　周向压缩载荷

A　没有加强的圆筒

在圆心角从 $\alpha \sim \pi$ 范围内，$Q = F$，则在 φ 截面处的周向压

缩力为：

$$T = \int_{\alpha}^{\varphi} \frac{F\sin\varphi S_e R_i \mathrm{d}\varphi}{R_i S_e(\pi - \alpha + \sin\alpha\cos\alpha)}$$

$$= F\left(\frac{-\cos\varphi + \cos\alpha}{\pi - \alpha + \sin\alpha\cos\alpha}\right)$$

当 $\varphi = \pi$ 时，在圆筒底部有最大周向压缩力为：

$$T_{max} = F\frac{1 + \cos\alpha}{\pi - \alpha + \sin\alpha\cos\alpha}$$

B　被封头加强的圆筒

在 $0 \sim \alpha$ 内：　　$\tau = \dfrac{F\sin\varphi}{\pi R_i S_e}$

在 $\alpha \sim \pi$ 内：　　$\tau = \dfrac{F\sin\varphi}{\pi R_i S_e}\left(\dfrac{\alpha - \sin\alpha\cos\alpha}{\pi - \alpha + \sin\alpha\cos\alpha}\right)$

周向压缩力：　　$T = -F\left(\dfrac{-\cos\varphi + \cos\alpha}{\pi - \alpha + \sin\alpha\cos\alpha}\right)$

当 $\varphi = \pi$ 时，在圆筒横截面底部产生最大压缩力：

$$T_{max} = -F\left(\frac{1 + \cos\alpha}{\pi - \alpha + \sin\alpha\cos\alpha}\right)$$

8 直立设备力学分析

在化工企业有很多大型直立设备，如塔器、反应器等，一般它们都在一定压力下操作，因此它属于压力容器范畴，但它与一般的压力容器不同，因为大型直立设备所承受的载荷性质与一般压力容器有很大区别。一般承受载荷的性质可分为两大类，即静载荷和动载荷。静载荷如：压力、温度、重量及偏心载荷；动载荷如风载荷和地震载荷。静载荷与时间无关，其变形和内力也与时间无关，所以是唯一的；动载荷产生加速度，引起惯性力，因而产生随时间变化的变形和内力，既然变形和内力是随时间变化的，计算结果必然是与时间有关的一系列解。

在动载荷作用下，大型直立设备各截面的变形、内力与自振周期（或频率）和振型有关。所以对于大型直立设备主要研究其风载荷和地震载荷。

8.1 直立设备固有周期

直立设备在风载荷作用下将产生振动，对于振动系统（如塔设备）而言，一般由三部分组成，即激励（或称输入）、系统自身的振动特性和响应（或称输出）。输入是指外界的激振力和初始干扰（例如风载荷和地震载荷），而输出或响应是指系统在激振力作用下产生的结果（例如位移和内力等）。因此输出（或响应）的大小不仅与激振力有关，还与结构的自振特性有关，结构的自振特性一般包括：自振频率（或周期）、振型和阻尼。

振动问题可根据输入、系统和输出的不同进行分类。

（1）按输入类型分为：自由振动，强迫振动和自激振动。

（2）按系统的类型分为：单自由度体系、多自由度体系和弹性连续体。

（3）按输出类型分为：简谐振动、周期性振动、瞬态振动和随机振动。

（4）按对系统微分方程的描述分为：线性振动和非线性振动。

8.1.1 直立设备振动物理模型

直立设备的振动问题仅限于线性振动，根据直立设备的结构特点可将其视为自由度体系或弹性连续体。但在讨论直立设备自振周期时为求其近似解亦可将其视为单自由度体系，根据输出类型，直立设备的振动问题又可分为瞬态振动或随机振动。

在计算直立设备的自振周期时，可根据其结构特点，将其简化为一端固定、一端自由的悬臂结构做平面弯曲或剪切振动。由于直立设备筒体为轴对称结构，在没有悬挂物时，可不考虑扭转振动，主要取决于 H/D 比值，当 $H/D>5$ 时，可以认为其振动为平面弯曲振动；当 $H/D<5$ 时属短梁结构，其振动可认为是平面剪切振动。

按直立设备的截面分，又有等截面（等直径、等壁厚）和非等截面（不等直径或不等壁厚）的直立设备。等直径、等壁厚的直立设备属于弹性连续体（或称无限自由度），而不等直径或不等壁厚为多自由度体系。一般而言，直立设备具有多少个自由度，就有多少个自振频率（或周期）和振型，自振频率从低向高排列为 ω_1，…，ω_n，ω_1 为第一振型频率（或称基本振型频率）。ω_2、ω_3、…分别为第二、第三、…振型频率，除第一振型频率外，均为高振型频率，每个频率对应着一个振型。所谓振型是指体系中各质点在振动瞬间位移的相对比值，实际上就是体系的振动形态。

直立设备的振型如图 8-1 所示，其中基本振型为 1/4 波，第二振型为 3/4 波，第三振型为 5/4 波…以此类推，第 n 阶振型为 $\frac{2n-1}{4}$波，对直立设备一般只取前三个振型即可。

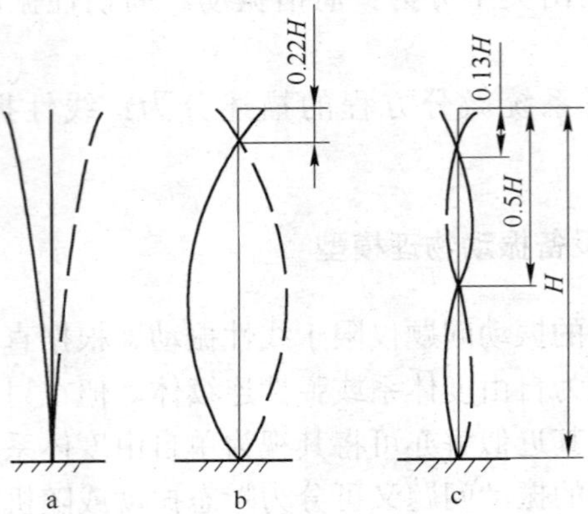

图 8-1　直立设备振型

a—第一振型；b—第二振型；c—第三振型

8.1.2　直立设备固有周期

就单自由度体系而言，每一个特征都假定集结于一个简单的物理元内，而对多自由度体系来说，由于结构的运动由一系列离散点的位移确定，因此这些点的分布必须与主要物理特性相适应，且应该形成一条较好的曲线，为此要求在对塔体分段时，应将分界面放在直径或壁厚变化处（对填料塔应考虑填料的分布情况）。

8.1.2.1　单自由度体系的自由振动

工程中有很多结构和设备可以简化成单自由度体系，例如球罐。直立设备虽然不能简化成单自由度体系，但对一个多自由度体系而言，若想用近似方法（例如折算质量法，能量法等）求取结构的自振周期，都是将结构简化成一个单自由度体系，利用折算质量或能量守恒方法去替代一个多自由度体系，所以研究单自由度体系的自由振动很有必要。

A　力学模型的建立

单自由度体系力学模型为：一个底端固定、顶部自由的悬臂梁，顶端有一个集中质量 m，如图 8-2 所示。

B　数学模型的建立

从力学角度看，一个实际的振动系统可分解为惯性（质量）、弹性和阻尼三种构成要素，惯性元件是承载运动的实体，弹性元件提供振动的回复力，阻尼在振动过程中消耗系统的能量或吸收外界的能量。单自由度系统是仅用一个坐标就可以确定该类系统的运动，求解振动问题的主要目的是要确定在任何给定时刻系统的位移、速度和加速度。

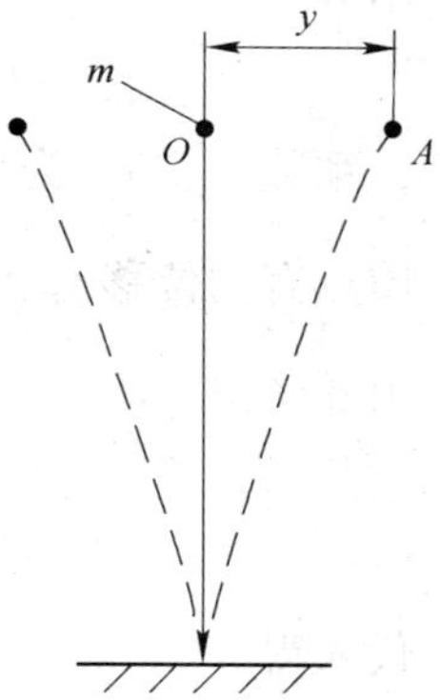

图 8-2　单自由度体系

由于外界的干扰，使质点 m 离开平衡位置，干扰消失后，在梁的弹性力作用下，质点 m 将沿着水平方向作自由振动。取 O 点为平衡位置或称坐标原点，则在某一瞬间，质点 m 的坐标为 $OA=y$，如不考虑阻尼的影响，此时质点只受两个力的作用，即惯性力 $m\dfrac{d^2y}{dt^2}$和弹性恢复力 ky，根据达朗伯原理，在质量振动过程中的任意瞬间，只要体系不受其他外力作用，惯性力与弹性恢复力总是平衡的，即：

$$m\frac{d^2y}{dt^2}+ky=0$$

$$\frac{d^2y}{dt^2}+\frac{k}{m}y=0$$

令 $\omega^2=\dfrac{k}{m}$，则：

$$\frac{d^2y}{dt^2}+\omega^2y=0$$

此方程即单自由度体系自由振动的动力方程，是二阶常系数齐次微分方程。

其通解为：

$$y(t) = C_1\sin\omega t + C_2\cos\omega t$$

式中，系数 C_1、C_2 为积分常数，可利用初始条件确定，当 $t=0$ 时，质点有初位移 y_0 和初速度 $\frac{dy}{dt}=v_0$。

由此解出：

$$C_1 = \frac{v_0}{\omega}, C_2 = y_0$$

代入得：

$$y(t) = \frac{v_0}{\omega}\sin\omega t + y_0\cos\omega t$$

令 $y_0 = A\sin\varphi \quad \frac{v_0}{\omega} = A\cdot\cos\varphi$

代入得：

$$y(t) = A\sin\omega t\cos\varphi + A\cos\omega t\sin\varphi = A\sin(\omega t + \varphi)$$

可以看出，单自由度体系是简谐振动，式中 A 为振幅，φ 为初相位角，并有：

$$A = \sqrt{y_0^2 + \frac{v_0^2}{\omega^2}}$$

$$y = \arctan\frac{y_0\omega}{v_0}$$

无阻尼单自由度体系的自由振动曲线如图 8-3 所示。

其周期为：$$T = \frac{2\pi}{\omega} = 2\pi\sqrt{\frac{m}{k}}$$

频率为：$$f = \frac{1}{T} = \frac{\omega}{2\pi} \text{或} \omega = 2\pi f$$

通常称 ω 为圆频率，表示每秒内振动的角度。

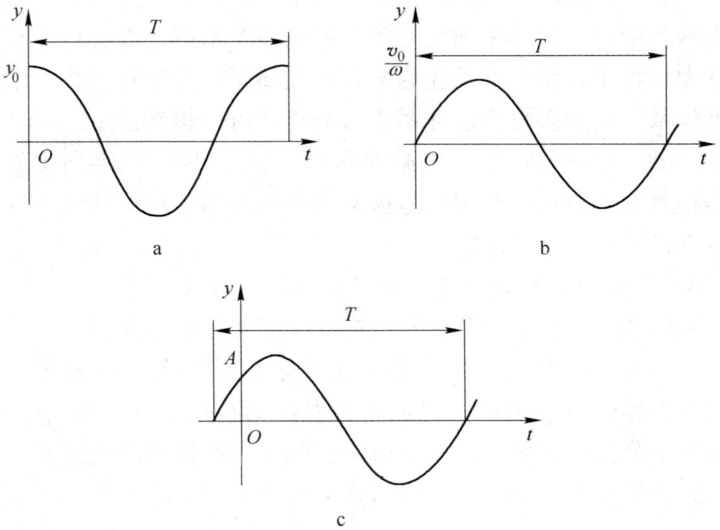

图 8-3　无阻尼单自由度体系的自由振动曲线

a—有初位移 y_0 时 $y_0\cos\omega t$；b—有初速度 v_0 时 $(v_0/\omega)\cos\omega t$；

c—兼有初位移 y_0 和有初速度 v_0 时 $A\sin(\omega t+\varphi)$

C　自振周期的性质

（1）自振周期 T 与系统的质量和刚度有关，质量愈大自振周期愈大；而系统刚度愈大则自振周期短。对于直立设备而言，当 H/D 值愈大，柔度大刚度小，所以周期愈长。除此之外，自振周期与外界的干扰力的大小无关，外界的干扰力只能影响直立设备的振幅大小，影响不到自振周期。

（2）改变直立设备自振周期的办法只有改变直立设备的质量和刚度，例如增加直立设备的壁厚，一方面增加质量；另一方面增加刚度，这都使自振周期发生变化。

8.1.2.2　多自由度系统的振动

从理论上讲，直立设备都应属于无限自由体系。事实上，在求取自振特性（自振周期、振型）时，只将等直径、等壁厚的直立设备作为连续弹性体求解，而对不等直径或不等壁厚的直立设备从无限自由度体系简化为多自由度体系求解。而在地震和风的静力计算中，则全部简化为多自由度体系进行计算。将无限自由度体系简化为多自由度体系进行分析，可以得到最主要的、较低频率的一些振动特性（自振频率和振型），也可以得到阶数较低振型对动力载荷所产生强迫振动位移和内力。这样往往可以满足直立设备的设计要求。

A 无限自由度体系简化成多自由度体系的方法

常用的方法有集中质量法、广义坐标法和有限元法。

（1）集中质量法。集中质量法就是把结构上连续分布的质量或非连续分布的质量（例如塔设备的附加质量等）集中在结构若干个分散的位置上，这样就将无限自由度体系简化成多自由度体系。但值得一提的是，自由度数与集中质量的个数并不一定相等。

（2）广义坐标法。广义坐标法是利用任何一个周期函数均可用富氏级数展开。因此结构的位移曲线亦可采用有限个富氏级数的集合来表示，塔设备可简化为底端固定、顶端自由的悬臂梁。在简化成多自由度体系后，根据其几何边界条件选定形状函数$f_1(x)$，$f_2(x)$，…，$f_n(x)$，再引进广义坐标a_1，a_2，…，a_n，则位移曲线$y(x)$为：

$$y(x) = \sum_{i=1}^{n} a_i f_i(x)$$

（3）有限元法。有限元法可以将任何复杂的弹性结构的振动问题，离散为近似的多自由度体系的振动问题，它是一种近似的数值计算方法。

B 多自由体系振动问题求解方法

多自由体系的振动问题可采用刚度法或柔度法求解。刚度法是通过力的平衡方程求解，而柔度法则利用位移协调方程求解。下面我们以刚度法来求解。

a　振动方程

图 8-4 所示为一多自由度体系，利用刚度法，取隔离体后质点上作用的力有惯性力 $-m_1y_1''$、$-m_2y_2''$、…、$-m_ny_n''$和弹性恢复力 R_1、R_2、…、R_n。

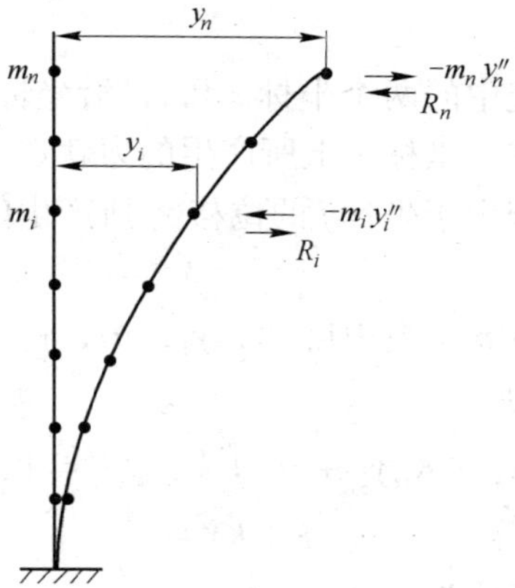

图 8-4　多自由度体系

由达朗伯原理，可得：

$$\begin{cases} m_1y_1'' + R_1 = 0 \\ m_2y_2'' + R_2 = 0 \\ \vdots \\ m_ny_n'' + R_n = 0 \end{cases} \tag{8-1}$$

式中的弹性恢复力应力：

$$\begin{cases} R_1 = K_{11}y_1 + K_{12}y_2 + \cdots + K_{1n}y_n \\ R_2 = K_{21}y_1 + K_{22}y_2 + \cdots + K_{2n}y_n \\ \vdots \\ R_n = K_{n1}y_1 + K_{n2}y_2 + \cdots + K_{nn}y_n \end{cases} \tag{8-2}$$

将式（8-2）代入式（8-1）得出振动方程为：

$$
\begin{cases}
m_1 y_1'' + K_{11} y_1 + K_{12} y_2 + \cdots + K_{1n} y_n = 0 \\
m_2 y_2'' + K_{21} y_1 + K_{22} y_2 + \cdots + K_{2n} y_n = 0 \\
\vdots \\
m_n y_n'' + K_{n1} y_1 + K_{n2} y_2 + \cdots + K_{nn} y_n = 0
\end{cases}
\tag{8-3a}
$$

b　刚度矩阵

考虑一个系统中的两个坐标 i 和 j，沿坐标 j 作用单位位移，把其他固定，这些在坐标之上所产生的力就定义为刚度影响系数 K_{ij}，一个线性系统由于坐标 j 的位移 y_i 所产生的在坐标上的力就是 $F_i = K_{ij} y_j$。

如果系统具有 n 个自由度 y_1，y_2，…，y_n，根据线性叠加原理，相应的力就为

$$F_i = K_{i1} y_1 + K_{i2} y_2 + \cdots + k_{in} y_n (i = 1,2,\cdots,n)$$

矩阵形式　　　　　　　$F = KY$

或写成矩阵形式为：

$$[\boldsymbol{m}][y''] + [\boldsymbol{K}][y] = 0 \tag{8-3b}$$

$$
\begin{bmatrix} m_1 & 0 & 0 & \cdots & 0 \\ 0 & m_2 & 0 & \cdots & 0 \\ \vdots & & \vdots & & \vdots \\ 0 & 0 & 0 & \cdots & m_n \end{bmatrix}
\begin{bmatrix} y_1'' \\ y_2'' \\ \vdots \\ y_n'' \end{bmatrix}
+
\begin{bmatrix} K_{11} & K_{12} & \cdots & K_{1n} \\ K_{21} & K_{22} & \cdots & K_{2n} \\ \vdots & \vdots & & \vdots \\ K_{n1} & K_{n2} & \cdots & K_{nn} \end{bmatrix}
\begin{bmatrix} y_1 \\ y_2 \\ \vdots \\ y_n \end{bmatrix}
=
\begin{bmatrix} 0 \\ 0 \\ \vdots \\ 0 \end{bmatrix}
$$

式中　$[\boldsymbol{m}]$——质量矩阵；

　　　$[\boldsymbol{K}]$——刚度矩阵。

C　求解振动方程

设方程（8-3b）解的形式为：

$$
\begin{aligned}
y_1(t) &= \bar{y}_1 \sin(\omega t + \varphi) \\
y_2(t) &= \bar{y}_2 \sin(\omega t + \varphi) \\
&\vdots \\
y_n(t) &= \bar{y}_n \sin(\omega t + \varphi)
\end{aligned}
\tag{8-4a}
$$

或写成

$$[\boldsymbol{y}] = [\bar{\boldsymbol{y}}]\sin(\omega t + \varphi) \tag{8-4b}$$

式中 $[\boldsymbol{y}]$——位移向量；

$[\bar{\boldsymbol{y}}]$——振幅向量。

将式（8-4a）或式（8-4b）代入式（8-3a）或式(8-3b)有：

$$\begin{cases} -\bar{y}_1\omega^2 m_1\sin(\omega t+\varphi) + [K_{11}\bar{y}_1 + K_{12}\bar{y}_2 + \cdots + K_{1n}\bar{y}_n]\sin(\omega t+\varphi) = 0 \\ -\bar{y}_2\omega^2 m_2\sin(\omega t+\varphi) + [K_{21}\bar{y}_1 + K_{22}\bar{y}_2 + \cdots + K_{2n}\bar{y}_n]\sin(\omega t+\varphi) = 0 \\ \vdots \\ -\bar{y}_n\omega^2 m_n\sin(\omega t+\varphi) + [K_{n1}\bar{y}_1 + K_{n2}\bar{y}_2 + \cdots + K_{nn}\bar{y}_n]\sin(\omega t+\varphi) = 0 \end{cases}$$

整理后可得：

$$\begin{cases} (K_{11} - m_1\omega^2)\bar{y}_1 + K_{12}\bar{y}_2 + \cdots + K_{1n}\bar{y}_n = 0 \\ K_{21}\bar{y}_1 + (K_{22} - m_2\omega^2)\bar{y}_2 + \cdots + K_{2n}\bar{y}_n = 0 \\ \vdots \\ K_{n1}\bar{y}_1 + K_{n2}\bar{y}_2 + \cdots + (K_{nn} - m_n\omega^2)\bar{y}_n = 0 \end{cases} \tag{8-5a}$$

或其矩阵形式

$$([\boldsymbol{K}] - \omega^2[\boldsymbol{M}])[\bar{\boldsymbol{y}}] = 0 \tag{8-5b}$$

方程（8-5a）与方程（8-5b）是以振幅 $\bar{y}_1$，$\bar{y}_2$，…，$\bar{y}_n$ 或 $[\bar{\boldsymbol{y}}]$ 为未知量的方程，根据克莱姆法则，其非零解应满足：

$$D = \begin{vmatrix} K_{11} - m_1\omega^2 & K_{12} & \cdots & K_{1n} \\ K_{21} & K_{22} - m_2\omega^2 & \cdots & K_{2n} \\ \vdots & \vdots & \vdots & \vdots \\ K_{n1} & K_{n2} & \cdots & K_{nn} - m_n\omega^2 \end{vmatrix} = 0 \tag{8-6a}$$

或

$$D = \left|[\boldsymbol{K}] - \omega^2[\boldsymbol{m}]\right| = 0 \tag{8-6b}$$

将上述行列式展开后即可得到 ω 的 n 次方程，此方程称为频率方程，方程有 n 个实根即多自由体系的频率值 ω_1，ω_2，…，ω_n。将各阶频率值代回式（8-5a）或式（8-5b）中，若以 ω_1 为例，则方程变为：

$$\begin{cases}(K_{11}-m_1\omega_1^2)\bar{y}_{11}+K_{12}\bar{y}_{12}+\cdots+K_{1n}\bar{y}_{1n}=0\\ K_{21}\bar{y}_{11}+(K_{22}-m_2\omega_1^2)\bar{y}_{12}+\cdots+K_{2n}\bar{y}_{1n}=0\\ \vdots\\ K_{n1}\bar{y}_{11}+K_{n2}\bar{y}_{12}+\cdots+(K_{nn}-m_n\omega_1^2)\bar{y}_{1n}=0\end{cases} \tag{8-7a}$$

或写作

$$([\boldsymbol{K}]-\omega_1^2[\boldsymbol{m}])[\bar{\boldsymbol{y}}_1]=0 \tag{8-7b}$$

解此方程组可求出对应于 ω_1 的振幅 $\bar{y}_{11}$、$\bar{y}_{12}$、…、$\bar{y}_{1n}$ 或 $[\bar{y}_1]$，同理也可以求出对应于 ω_2，ω_3，…，ω_n 的振幅 $[\bar{y}_2]$、$[\bar{y}_3]$、…、$[\bar{y}_n]$。将振幅值代回式（8-4a）则求出对应于各阶频率的位移值：

$$\begin{cases}y_{11}=\bar{y}_{11}\sin(\omega_1 t+\varphi_1)\\ y_{12}=\bar{y}_{12}\sin(\omega_1 t+\varphi_1)\\ \vdots\\ y_{1n}=\bar{y}_{1n}\sin(\omega_1 t+\varphi_1)\end{cases} \tag{8-8a}$$

$$[y_1]=[\bar{y}_{11}]\sin(\omega_1 t+\varphi_1) \tag{8-8b}$$

同理也可求出 $[y_2]$、$[y_3]$、$[y_n]$。

从式（8-8a）或式（8-8b）可以看出：（1）在振动过程中各质点以同一频率 ω_i 及同一相位角 φ_i 作简谐振动；（2）各质点同时经过平衡位置（即 $y_i=0$ 时），也同时达到极限位置（即 $\sin(\omega_i t+\varphi_i)=1$ 时）。各质点位移随时间变化，但各质点位移之间的比值保持不变，即

$$\frac{y_{11}}{y_{12}}=\frac{\bar{y}_{11}}{\bar{y}_{12}}=C(\text{常数}) \tag{8-9}$$

这种在任何瞬间都保持固定不变的比值可以完全确定体系的

振动形态，称之为振型。振型实际上是相对位移值。通常的做法，选振幅向量各元素中的最大者，去除向量中每一个元素，可得到最大数为 1 的新的振型向量。与 ω_1 对应的振型向量为第一振型或称为基本振型。以此类推与 ω_2，…，ω_n 对应的为第二振型至第 n 振型。应该指出，对一个多自由度体系，如果选择两种不同的广义坐标，那么它们对应的质点矩阵［$\boldsymbol{M}$］和刚度矩阵［$\boldsymbol{K}$］则不同，因而得到的特征方程的形式也不同。但不等于可以求出两组不同的固有频率，因为多自由度体系的各阶固有频率只取决于体系的物理性质，而与坐标的选择无关。但是与各阶固有频率相对应的振型值，却依赖于坐标的选择不同，这恰恰说明体系各质点在同一振型时具有相同的运动形态。

8.1.2.3　无限自由度系统的振动

实际振动系统的惯性、弹性和阻尼都是连续分布的确定，连续系统中无数个质点的运动形态需要无限多个广义坐标。因此连续系统称为无限自由度系统（或称弹性连续体），弹性连续体的微振动问题由线性偏微分方程描述，其中一小部分可求得精确解，其余的只能通过近似处理，将连续系统离散化为有限自由度系统，求得振动的近似解，等直径、等厚度直立设备就是一弹性连续体系统。

A　力学模型的建立

对于等直径、等厚度的直立设备，质量沿高度均匀分布，则计算模型通常简化为顶端自由、底部固定、质量沿高度均匀分布的悬臂梁，如图 8-5 所示。

B　数学模型的建立

梁在动载荷作用下发生弯曲振动时，其挠度曲线随时间而变化，可表示为 $y = y(x,t)$，假设塔为理想弹性体，振幅很小，无阻尼，$H/D > 5$（塔高与塔直径之比），在分布惯性力 q 的作用

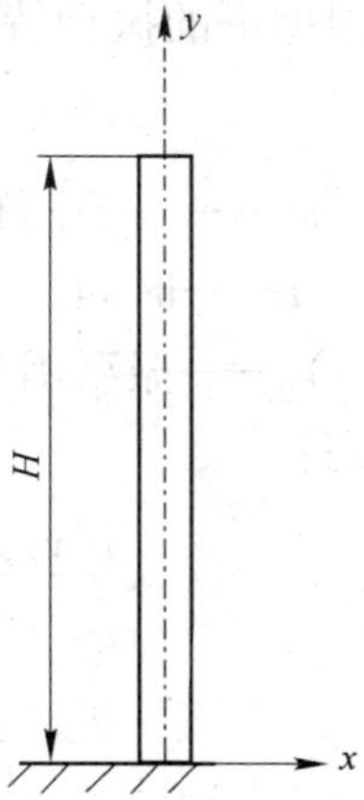

图 8-5　无限自由度体系

下的挠曲线微分方程为：

$$EI\frac{\partial^4 y}{\partial x^4} = q \tag{8-10}$$

式中 E——塔体材料在设计温度下的弹性模量；

I——塔截面的形心轴惯性矩。$I=\frac{\pi}{64}(D_o^4-D_i^4)\approx\frac{\pi}{8}D_i^3\delta_e$，$m^4$；

D_i——塔的内直径，m；

D_o——塔的外直径，m；

δ_e——塔壁的有效厚度。

根据牛顿第二定律，梁上的分布惯性力 q 为

$$q = -m\frac{\partial^2 y}{\mathrm{d}x^2} \tag{8-11}$$

式中 m——塔单位高度上的质量，kg/m。

则：

$$\frac{\partial^4 y}{\mathrm{d}x^4}+\frac{M}{EI}\frac{\partial^2 y}{\partial t^2} = 0 \tag{8-12}$$

即为四阶常数齐次线性偏微分方程。

根据塔的振动特性，上式解为下列形式：

$$y(x,t) = y(x)\sin(\omega t+\varphi) \tag{8-13}$$

式中 ω——塔的固有频率，rad/s；

t——时间；

$y(x)$——振型函数塔振动时在距地面为 x 处的最大位移。

则：

$$\frac{\partial^2 y(x,t)}{\partial x^2} = \frac{\partial^2 y(x)}{\partial x^2}\sin(\omega t+\varphi) \tag{8-14}$$

$$\frac{\partial^2 y(x,t)}{\partial t^2} = -\omega^2 y(x)\sin(\omega t+\varphi) \tag{8-15}$$

代入后得：

$$\frac{d^2}{dx^2}\left(\frac{d^2y(x)}{dx^2}\right)-\frac{M}{EI}\omega^2y(x)=0 \tag{8-16}$$

令 $m=\rho A$，对等直径、等壁厚的直立设备，其中 A、I 为常数，则

$$EI\frac{d^4y(x)}{dx^2}-\rho A\omega^2y(x)=0 \tag{8-17}$$

$$\frac{d^4y(x)}{dx^2}-\frac{\rho A}{EI}\omega^2y(x)=0 \tag{8-18}$$

令
$$a=\sqrt{\frac{EI}{\rho A}}$$

则

$$\frac{d^4y(x)}{dx^4}-\frac{\omega^2}{a^2}y(x)=0 \tag{8-19}$$

再令 $K^4=\dfrac{\omega^2}{a^2}\quad K=\sqrt[4]{\dfrac{\rho A\omega^2}{EI}}=\sqrt[4]{\dfrac{m\omega^2}{EI}}$

则

$$\frac{d^4y(x)}{dx^4}-K^4y(x)=0 \tag{8-20}$$

关于 $y(x)$ 的方程，此四阶常微分方程的解取为：

$$y(x)=A_1\sin kx+A_2\cos kx+A_3\text{sh}kx+A_4\text{ch}kx \tag{8-21a}$$

代入 $y(x,t)$ 式，得偏微分方程的解：

$$y(x,t)=(A_1\sin kx+A_2\cos kx+A_3\text{sh}kx+A_4\text{ch}kx)\sin(\omega t+\varphi) \tag{8-21b}$$

是一关于 $y(x,t)$ 的方程。此解中 A_1、A_2、A_3、A_4、ω、t，是六个待定常数，应根据边界条件和初始条件确定，其中梁的两端有四个边界条件和两个初始条件，其恰好可以决定六个未知数。

边界条件：

固定端 $x=0$，位移与转角为零，$y(x)=0$，$\dfrac{dy(x)}{dx}=0$

自由端 $x = l(H)$，剪力与弯矩为零，$EI\dfrac{d^3y(x)}{dx^3} = 0$，$EI\dfrac{d^2y(x)}{dx^2} = 0$

将$\dfrac{d^3y}{dx^3}\Big|_{x=l} = 0$、$\dfrac{d^2y}{dx^2}\Big|_{x=l} = 0$ 代入式（8-21a）得：

$$A_2 = -A_4 \tag{8-21c}$$

对式（8-21a）求导得：

$$\begin{cases} y(x) = A_1\sin kx + A_2\omega kx + A_3\mathrm{sh}kx + A_4\mathrm{ch}kx \\ y'(x) = KA_1\cos kx - KA_2\sin kx + KA_3\mathrm{ch}kx + KA_4\mathrm{ch}kx \\ y''(x) = -K^2A_1\sin kx - K^2A_2\cos kx + K^2A_3\mathrm{sh}kx + K^2A_4\mathrm{ch}kx \\ y'''(x) = -K^3A_1\cos kx + K^3A_2\sin kx + K^3A_3\mathrm{ch}kx + K^3A_4\mathrm{sh}kx \end{cases} \tag{a}$$

将边界值，$y(x) = 0$，$\dfrac{dy(x)}{dx} = 0$ 代入得：

$$A_1 = -A_3 \tag{8-21d}$$

根据边界条件 $y'' = 0$，$y''' = 0$，由方程组（a）第3、第4式解得：

$$A_3(\sin kl + \mathrm{sh}kl) + A_4(\cos kl + \mathrm{ch}kl) = 0 \tag{8-21e}$$

$$A_3(\cos kl + \mathrm{ch}kl) + A_4(-\sin kl + \mathrm{sh}kl) = 0 \tag{8-21f}$$

解联立方程组，因具有非零解的条件是其系数行列式值为零，故：

$$\begin{vmatrix} \sin kl + \mathrm{sh}kl & \cos kl + \mathrm{ch}kl \\ \cos kl + \mathrm{ch}kl & -\sin kl + \mathrm{sh}kl \end{vmatrix} = 0 \tag{8-21g}$$

展开并化简后可得出频率方程为：

$$\cos kl\,\mathrm{ch}kl = -1 \tag{8-21h}$$

它的根可以采用作图法求得，将式（8-21h）改写为：

$$\cos kl = -\frac{1}{\mathrm{ch}kl} - \frac{1}{\mathrm{ch}kl} \tag{8-21i}$$

以 kl 作为横坐标，作出 $\cos kl$ 和 $\frac{-1}{\mathrm{ch}kl}$ 两条曲线（如图 8-6 所示），两条曲线的所有交点就是方程（8-21h）的根。按振型排列其根值如表 8-1 所示。

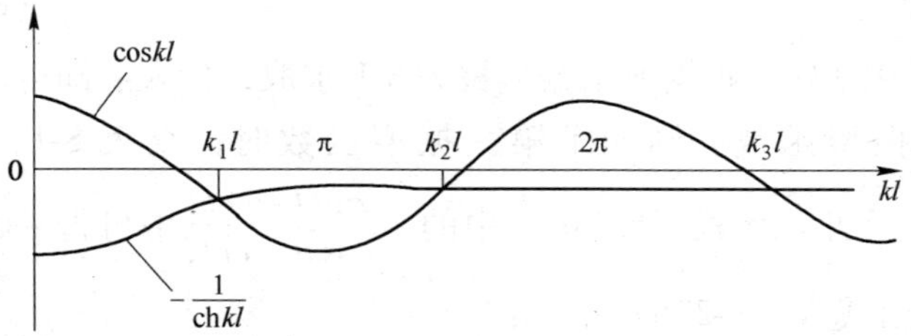

图 8-6　$\cos kl$ 和 $\frac{-1}{\mathrm{ch}kl}$ 的曲线图

表 8-1　振型排列根值表

k_1l	k_2l	k_3l	k_4l	k_5l	k_6l
1.875	4.694	7.855	9.996	14.137	17.279

当 $n \geqslant 4$ 时，$K_nl = \frac{2n-1}{2}\pi$

由式（8-21h）和式（8-21i）可得：

$$\omega = ak^2 = \sqrt{\frac{EI}{\rho A}}K^2 \tag{8-22a}$$

为使用表 8-1 中的数值，稍加变换后即可求出第 n 阶振型的圆频率为

$$\omega_n = \sqrt{\frac{EI}{\rho A}} \times \frac{(K_nl)^2}{l^2} \tag{8-22b}$$

再把式（8-21c）和式（8-21d）代入式（8-21a）中可得：

$$y(x) = A_4\left[\mathrm{ch}kx - \cos kx + \frac{A_3}{A_4}(\mathrm{sh}kx - \sin kx)\right] \quad (8\text{-}23a)$$

式中的比值$\frac{A_3}{A_4}$可以采用式（8-21e）或式（8-21f）任意一式求出，如采用式（8-21e）得：

$$y(x) = A_4\left[\mathrm{ch}kx - \cos kx - \frac{\sin kl + \mathrm{sh}kl}{\cos kl + \mathrm{ch}kl}(\mathrm{sh}kx - \sin kx)\right] \quad (8\text{-}23b)$$

式中的 kl 值根据所求振型按表 8-1 求取，代入后即可求出该振型的振型函数。例如求第一振型函数时，查表 8-1，$k_1 l = 1.875$，将此代入式（8-23b）中的 $-\frac{\sin kl + \mathrm{sh}kl}{\cos kl + \mathrm{ch}kl}$中可得 -0.734，再将此值代入（8-23b）中得：

$$y_1(x) = A_4\left[\mathrm{ch}\left(1.875\frac{x}{l}\right) - \cos\left(1.875\frac{x}{l}\right) - 0.734\mathrm{sh}\left(1.875\frac{x}{l}\right) + 0.734\sin\left(1.875\frac{x}{l}\right)\right] \quad (8\text{-}23c)$$

由于 A_4 的取值并不影响振动的形态，仅对振动幅值的大小产生影响，故令 $A_4 = 1$，所以基本振型的振型函数为

$$y_1(x) = \mathrm{ch}\left(1.875\frac{x}{l}\right) - \cos\left(1.875\frac{x}{l}\right) - 0.734\mathrm{sh}\left(1.875\frac{x}{l}\right) + 0.734\sin\left(1.875\frac{x}{l}\right) \quad (8\text{-}23d)$$

同理利用 $k_n l$ 的值代入式（8-23b）可求出各阶振型的振型函数。

从表 8-1 中可知

$$K_1 l = 1.875 \quad K_2 l = 4.694 \quad K_3 l = 7.855$$

又 $T = \frac{2\pi}{\omega}$　$l = H$（塔高）

所以 $$T_1 = 1.79\sqrt{\frac{mH^4}{EI}}$$

式中，$m = \frac{m_0}{H}$，m_0 为容器的操作质量。

$$I = 0.393(D_i + \delta)^3\delta \approx 0.393D_i^3\delta$$

所以

$$T_1 = 1.79\sqrt{\frac{\frac{m_0}{H}H^4}{E0.393D_i^3\delta}}$$

$$= 90.33\sqrt{\frac{m_0H \cdot H^2}{ED_i^3\delta}}$$

$$= 90.33H\sqrt{\frac{m_0H}{ED_i^3\delta}} \times 10^{-3}(\mathrm{s})$$

$$T_2 = 0.285\sqrt{\frac{mH^4}{EI}}$$

$$T_3 = 0.102\sqrt{\frac{mH^4}{EI}}$$

与直立设备前三个圆频率相对应的振型如图 8-1 所示。

由于直立设备的刚性较大，一般很少考虑较高振型，因此对等直径、等壁厚容器的基本自振周期为

$$T_1 = 90.33H\sqrt{\frac{m_0H}{E\delta_e D_i^3}} \times 10^{-3}(\mathrm{s})$$

8.1.2.4　*自振周期的近似算法*

其当量转换的原则是应满足两最大动能相等、圆频率相等。

单自由度体系的自振周期、多自由度体系的自振周期、无限自由度体系的自振周期计算公式，常常要解高次代数方程，计算过程比较繁杂。而实际工程中有时只需知道最低一阶（即基本

振型）的自振周期（或频率），因此常常采用简便实用的近似方法代替精确、繁复的计算方法。

A 折算质量法

折算质量法是把多自由度体系的多个集中质量或无限自由度体系的分布质量，用一个集中质量来代替，使一个多自由度体系或无限自由度体系简化成一个当量单自由度体系，从而使问题大大简化。下面以多自由度体系为例介绍此法的使用。

对于一个多自由度体系（如图 8-7 所示），当体系作自由振动时，质量 m 在某一瞬间的位移为：

$$y_i = A_i \sin(\omega t + \varphi) \tag{8-24a}$$

式中 A_i——质点 m_i 的振幅。

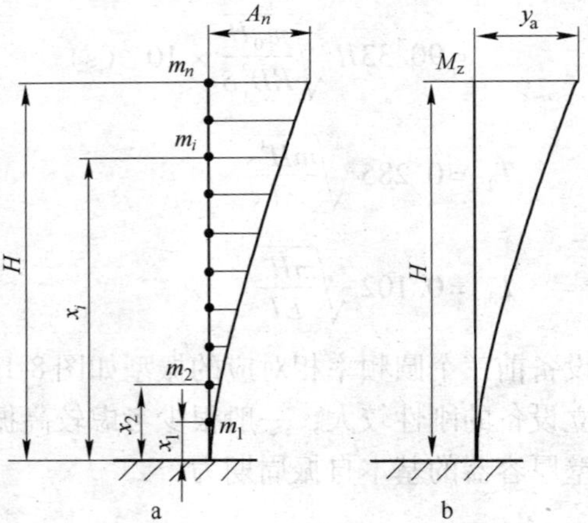

图 8-7 折算质量法多自由度体系

将上式对时间 t 求导，有：

$$y'_i = \omega A_i \cos(\omega t + \varphi)$$

其最大值为：

$$y'_{i\max} = \omega A_i$$

如果用 $U_{i\max}$ 表示质点 m_i 的最大振动动能，则

$$U_{i\max} = \frac{1}{2}m_i y_{i\max}^2 = \frac{1}{2}m_i\omega^2 A_i^2 \tag{8-24b}$$

则整个体系总的动能 $U_{i\max}$ 为：

$$U_{i\max} = \sum_{i=1}^{n} U_{i\max} = \frac{1}{2}\sum_{i=1}^{n} m_i\omega^2 A_i^2 \tag{8-24c}$$

用一个当量单自由度体系来代替多自由度体系，并假定该单自由度体系的集中质量为 M_z，在某一瞬间的位移为：

$$y = y_a\sin(\omega_z t + \varphi) \tag{8-24d}$$

对时间 t 求导后可得：

$$\dot{y} = \omega_z y_a(\omega_z t + \varphi) \tag{8-24e}$$

其最大值为：

$$\dot{y}_{\max} = \omega_z y_a \tag{8-24f}$$

如果用 $U'_{\max}$ 代表此单自由度体系的最大振动动能，则有

$$U'_{\max} = \frac{1}{2}M_z y_{\max}^2 = \frac{1}{2}M_z\omega_z^2 y_a^2 \tag{8-24g}$$

令两个体系的最大振动动能相等，即 $U_{\max} = U'_{\max}$，则有：

$$\frac{1}{2}\sum_{i=1}^{n} m_i\omega^2 A_i^2 = \frac{1}{2}M_z\omega_z^2 y_a^2 \tag{8-24h}$$

令 $\omega = \omega_z$，则

$$M_z = \frac{\sum_{i=1}^{n} m_i A_i^2}{y_n^2} \tag{8-24i}$$

式中，M_z 为单自由度体系的质量，因此可以称它为相应多自由度体系的折算质量。如果将折算质量也放在塔的顶部，则单自由度体系的振幅 y_a 应该与相应的多自由度体系的顶点振幅相等。这样一来，只要知道多自由度体系每个质点处的振幅大小，则可计算出折算质量。因而问题归结到寻找一个多自由度体系的振型函数。对于直立设备的基本振型大多假定为抛物线形式。振型的

假设原则上是任意的，只要满足问题的边界条件即可。有的资料介绍，不等直径、不等壁厚的直立设备基本振型假定为二次抛物线。从形式上看，二次抛物线确实极为近似，但从振型确定的原则上讲，二次抛物线不满足边界条件。对简化为一端自由、一端固定的直立设备而言，其固定端的几何边界条件二次抛物线可以满足，但自由端的力的边界条件得不到满足。因此直立设备的设计规范，将二次抛物线改为：

$$A_i = A_n\left(\frac{x_i}{H}\right)^{3/2} \tag{8-24j}$$

并且当量单自由度体系的顶端振幅 $y_a = A_n$，代入式（8-24i）后得：

$$M_z = \sum_{i=1}^{n} m_i\left(\frac{x_i}{H}\right)^3 \tag{8-24k}$$

有了当量单自由度体系的折算质量后，即可求出当量单自由度体系的自振周期。

$$T_1 = 2\pi\sqrt{M_z y_0} \tag{8-24l}$$

式中，y_0 为直立设备顶端作用单位力时所产生的挠度值。如果直立设备为一变截面的设备，其几何尺寸和特性、质量分布如图 8-4 所示。则其顶端在单位力作用下的挠度为

$$y_0 = \frac{1}{3E}\left(\sum_{j=1}^{m}\frac{H_j^3}{I_j} - \sum_{j=2}^{m}\frac{H_j^3}{I_{j-1}}\right). \tag{8-24m}$$

故此直立设备的自振周期为：

$$T_1 = 2\pi\sqrt{\sum_{i=1}^{n} m_i\left(\frac{x_1}{H}\right)^3 \times \frac{1}{3E}\left(\sum_{j=1}^{m}\frac{H_j^3}{I_j} - \sum_{j=2}^{m}\frac{H_j^3}{I_{j-1}}\right)} \tag{8-24n}$$

当然也可以假定其他的振型函数，可以得到不同于式(8-24n)的自振周期计算公式。振型函数假设不同，自振周期计算结果差异很大，所以在确定振型函数时应非常慎重，愈接近真实振型的函数，自振周期的计算结果愈精确。

B　能量法

能量法是根据能量守恒定律计算体系的自振周期（或频率）的。根据能量守恒定律，体系在自由振动时，如果忽略阻尼的影响，则在整个振动过程就不存在能量损失，因此在振动过程的某一瞬间机械能应保持不变，即：

$$T + U = C(\text{常数}) \tag{8-25a}$$

式中，T 为体系中运动质量所具有的动能；U 为势能，此势能可以是重力势能，也可能是弹性变形所储存的势能。根据此定律，可以选择两个位置点，其机械能的总和应相等，即

$$T_1 + U_1 = T_2 + U_2 \tag{8-25b}$$

这两个位置点选择在静平衡位置和最大位移处。在静平衡位置，此时质量的运动速度最大，动能也最大，即 $T_1 = T_{max}$，而其势能取为参考点，即令 $U_1 = 0$。当质量达到最大位移点时，其速度为零，即其动能为零有 $T_2 = 0$，而势能为最大，即 $U_2 = U_{max}$。因此，式（8-25b）变为：

$$T_{max} = U_{max} \tag{8-25c}$$

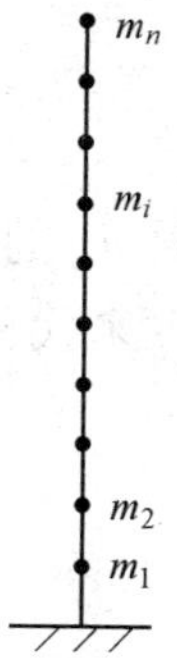

图 8-8　能量法多自由度体系

如果一个多自由度体系（如图 8-8 所示）做自由振动时，体系的最大总动能可由式（8-25d）计算：

$$T_{max} = \frac{1}{2}\sum_{i=1}^{n} m_i g y_i \tag{8-25d}$$

用 U_i 表示质量 m_i 在某一瞬间的势能，则

$$U_i = \frac{1}{2}m_i g y_i \tag{8-25e}$$

由于各质点作简谐振动，所以有：

$$y_i = A_i \sin(\omega t + \varphi)$$

$$y_{i\max} = A_i \tag{8-25f}$$

因此可以得出质量 m_i 的最大振动势能：

$$U_{i\max} = \frac{1}{2} m_i g A_i$$

体系的最大总势能：

$$U_{\max} = \frac{1}{2} \sum_{i=1}^{n} m_i g A_i \tag{8-25g}$$

将式(8-25d) 及式(8-25g) 代入式(8-25c) 得：

$$\frac{1}{2} \sum_{i=1}^{n} m_i \omega^2 A_i^2 = \frac{1}{2} \sum_{i=1}^{n} m_i g A_i \tag{8-25h}$$

$$\omega = \sqrt{\frac{g \sum_{i=1}^{n} m_i A_i}{\sum_{i=1}^{n} m_i A_i^2}} \tag{8-25i}$$

质量 m_i 的振幅 A_i 在实际计算中不易确定，所以有人建议采用静挠度来代替。自振周期即：

$$T = 2\pi \sqrt{\frac{\sum_{i=1}^{n} m_i A_i^2}{g \sum_{i=1}^{n} m_i A_i}} \tag{8-25j}$$

8.2 直立设备载荷分析

根据直立设备的特点，主要研究动载荷，即地震载荷和风载荷。

8.2.1 地震载荷

地震是以波的形式从震源向各个方向传播。地震波是一种弹性波，它分为体波和面波两种，体波是在地球体内传播的波，又可以分成横波和纵波。纵波是指质点的振动方向与传播方向相同，特点是周期短、振幅小，但传播速度是各种波中最大的，所以当地震发生时，首先传播到某一地点的是纵波。横波是质点的振动方向与传播方向垂直，其特点是周期长，振幅较大。

面波是指在自由表面（如地表面）或两种介质的分界面产生的波，它可分为瑞雷波（又称 R 波）和洛夫波（又称 Q 波）。瑞雷波的特点是质点在波的传播方向和地表面的法线所构成的平面内作椭圆运动，它如同在地面上做滚动前进，而洛夫波是在与传播方向相垂直的水平方向运动，如同蛇形运动。因此当地震发生时，地面运动是一种复杂的空间运动。可分解为三个平动分量和三个转动分量。鉴于转动分量的实测数据很少，地震载荷计算时一般不予考虑。地面水平方向（横向）的运动会使设备产生水平方向的振动，危害较大。而垂直方向（纵向）的危害较横向振动要小。但一般传统观点认为水平地震力对结构破坏起决定性作用，竖向地震力的影响微不足道。国家标准继承了这一观点，只规定校验水平地震力的影响。国家标准中规定，对设置在地震设防烈度为七、八、九度地区的直立设备必须进行地震载荷校核，避免地震时发生破坏或产生二次灾害。

8.2.1.1 水平地震力

地震力是指地震时由于地面运动而使直立设备的质量产生惯性力的作用，是地震施加给设备的外力。

A 单质点弹性体系运动模型

如图 8-9 所示，是单质点体系在地面水平运动作用下的变形情况，其中 $y_0(t)$ 表示地面水平位移，$y(t)$ 表示单质点质量相对地面的位移。当运动的某一瞬间，作用在质点上的力是平衡的，质点的运动方程为：

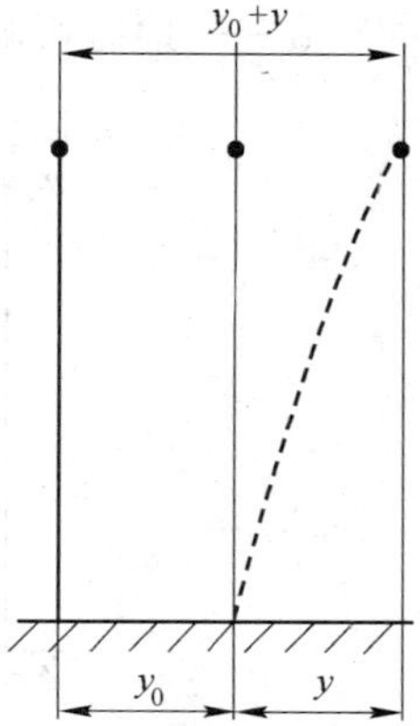

图 8-9 单质点弹性体系

$$m(y''_0(t) + y''(t)) + Cy'(t) + Ky(t) = 0 \qquad (8\text{-}26a)$$

惯性力 $m\frac{d^2y}{dt^2}$，阻尼力 $C\frac{dy}{dt}$，弹性回复力（Ky）

用 m 除以方程（8-26a）两边，得：

$$[y''_0(t)+y''(t)]+\frac{C}{m}y'(t)+\frac{K}{m}y(t)=0 \qquad (8\text{-}26b)$$

令 $\omega^2=\frac{K}{m}$，$2\xi_\omega=\frac{C}{m}$（ξ 为阻尼比），假设地面位移 $y(t)$ = 0，则方程（8-26b）可写作：

$$\frac{d^2y}{dt^2}+2\xi_\omega\frac{dy}{dt}+\omega^2y=0$$

B　单质点弹性体系模型

如图 8-10 所示，将直立设备简化成单质点体系。当直立设备简化成单质点弹性体系时，作用在质点上的水平地震力即质点质量相对于地面运动的惯性力为：

$$F_k=\alpha m_p g \qquad (8\text{-}27)$$

式中　m_p——集中于单质点上的质量；

α——地震影响系数。

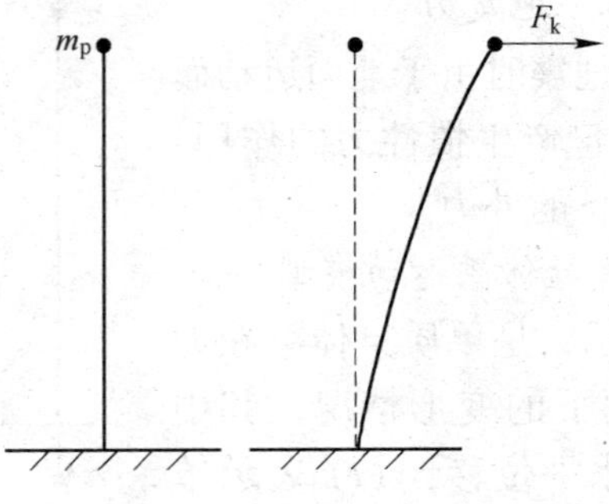

图 8-10　单质点体系水平地震力

地震影响系数是根据场地土的特性周期 T_g 和质量设备的自震周期 T 确定的，如图 8-11 所示，即：

$$\alpha = \left(\frac{T_g}{T}\right)^{\gamma} \eta_2 \alpha_{max} \tag{8-28}$$

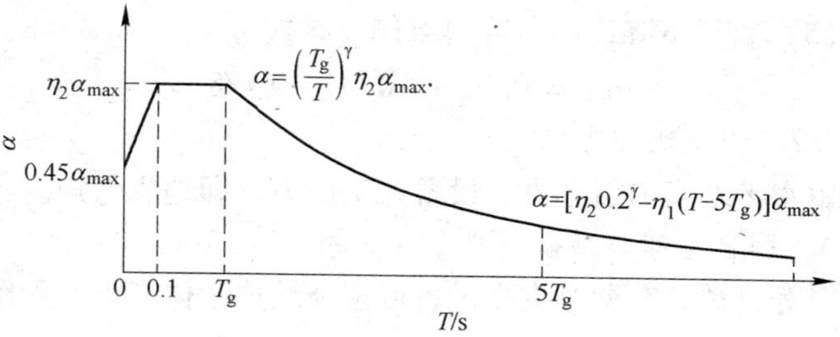

图 8-11　地震影响系数 α 值

（1）特性周期 T_g：按场地土的类型及震区类型由表 8-2 确定。

表 8-2　场地土的特性周期

设计地震分组	场地土类型			
	Ⅰ	Ⅱ	Ⅲ	Ⅳ
第一组	0. 25	0. 35	0. 45	0. 65
第二组	0. 30	0. 40	0. 55	0. 75
第三组	0. 35	0. 45	0. 65	0. 90

（2）地震影响系数最大值 α_{max}：由表 8-3 确定。

表 8-3　地震影响系数最大值 α_{max}

设防烈度	7	8	9
α_{max}	0. 08(0. 12)	0. 16(0. 24)	0. 32

注：括号内数值分别用于 GB 50011—2001 中规定的设计基本加速度为 0. 15g 和 0. 3g 的地区。

（3）衰减指数 γ：由直立设备的阻尼比 ξ 确定，无实测数据时，ξ = 0. 01 ~ 0. 03，即

$$\gamma = 0.9 + \frac{0.05 - \xi}{0.5 + \xi}$$

(4) 阻尼调整系数 η_2：

$$\eta_2 = 1 + \frac{0.05 - \xi}{0.06 + 1.7\xi}$$

(5) 直线下降段的下降斜率调整系数 η_1：

$$\eta_1 = 0.02 + (0.05 - \xi)/8$$

8.2.1.2　地震弯矩

由水平地震力引起直立设备产生内力，即地震弯矩。

A　弹性连续体地震弯矩

对等直径、等壁厚直立设备可按弹性连续体考虑，如图 8-12 所示。

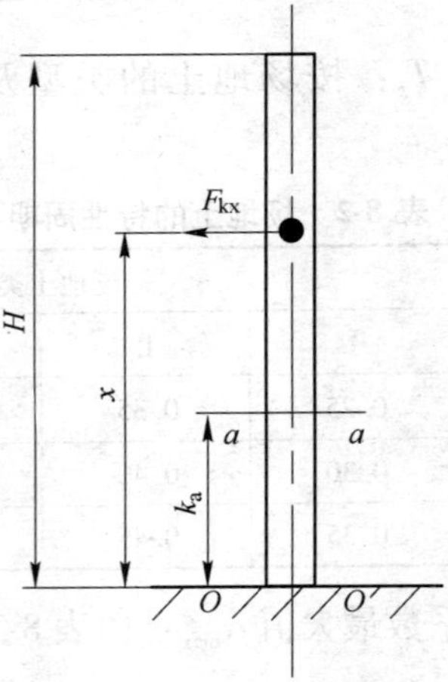

图 8-12　弹性连续体

当 $H/D < 10$ 时

任意截面 a-a 处地震弯矩为：

$$M_x^a = F_{kx}(x - h_a) = \frac{3}{2}\alpha_1 mg \frac{x(x - h_a)}{H^2} \tag{8-29}$$

任意截面总的地震弯矩为：

$$M_E^a = \int_{h_a}^{H} M_x^a \mathrm{d}x = \int_{h_a}^{H} \frac{3}{2}\alpha_1 mg \frac{x(x - h_a)}{H^2}\mathrm{d}x$$

$$=\frac{1}{4}\alpha_1 mg\frac{2H^3-3H^2h_a+h_a^3}{H^2} \tag{8-30}$$

当 $H/D\geqslant10$ 时，同时得：

任意截面 a-a 处地震弯矩为：

$$M_x^a=F_{kx}(x-h_a)=\frac{8}{5}\alpha_1 mg\frac{x^{3/2}(x-h_a)}{H^{5/2}} \tag{8-31}$$

任意截面总的地震弯矩为：

$$M_E^a=\frac{16}{175}\alpha_1 mg\left[5H-7h_a+2\frac{h_a^{7/2}}{H^{5/2}}\right] \tag{8-32}$$

B　多质点体系地震弯矩

不等直径或不等壁厚的直立设备可简化成多质点体系。

当 $H/D<10$ 时，

任意质点 i 的水平地震力产生的地震弯矩为：

任意截面 a-a 处地震弯矩为：

$$M_i^a=F_{ki}(h_i-h_a)=\alpha_1 m_i g h_i\frac{\sum_{i=1}^{n}m_ih_i}{\sum_{i=1}^{n}m_ih_i^2}(h_i-h_a) \tag{8-33}$$

任意截面总的地震弯矩为：

$$M_E^a=\sum_{i=a+1}^{n}m_i^a \tag{8-34}$$

当 $H/D\geqslant10$ 时，同时得：

任意截面 a-a 处地震弯矩为：

$$M_i^a=F_{ki}(h_i-h_a)=\alpha_1 m_i g h_i^{3/2}\frac{\sum_{i=1}^{n}m_ih_i}{\sum_{i=1}^{n}m_ih_i^2}(h_i-h_a) \tag{8-35}$$

任意截面总的地震弯矩为：

$$M_{\mathrm{E}}^{\mathrm{a}} = \sum_{i=a+1}^{n} m_i^a \tag{8-36}$$

C　弹性连续体系模型

等直径、等壁厚的直立设备，可近似看成是质量和刚度沿高度均匀分布的瞬时连续体，如图 8-13 所示。则任意点 x 处的水平地震力为：

$$F_{\mathrm{kx}} = \alpha_1 \eta_1 y_{\mathrm{x}} m_{\mathrm{x}} g \tag{8-37}$$

式中，α_1 为对应于第一振型自振周期下的地震影响系数 α 值；y_{x} 为 x 处重心的最大位移，即振幅；η_1 为第一振型的振型参与系数，按下式进行计算：

$$\eta_j = \frac{\int_0^H \overline{m}_{\mathrm{x}} y_j(x)\,\mathrm{d}x}{\int_0^H \overline{m}_{\mathrm{x}} y_j^2(x)\,\mathrm{d}x} \tag{8-38}$$

式中，$\overline{m}_{\mathrm{x}}$ 为单位高度的质量，计算前需预先求出振型函数或假定振型函数。$y_j(x)$ 表示对应于第 j 振型的振型函数。

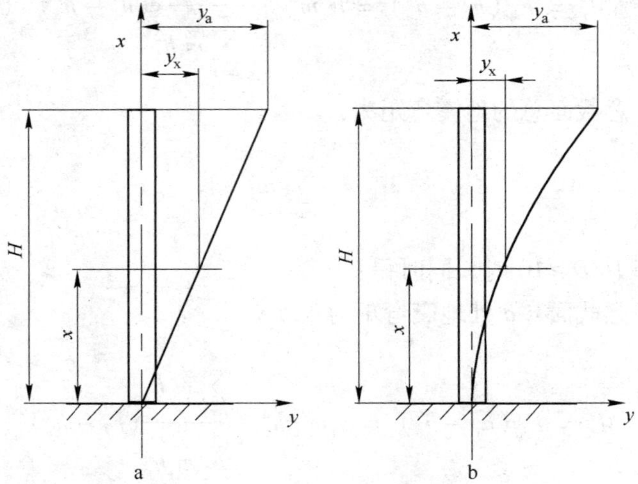

图 8-13　弹性连续体变形

对于 $H/D<10$ 的直立设备，可以认为其振幅为弯-剪组合振动，其振型函数假定为一直线，如图 8-13a 所示，振型函数为：

$$y_{x} = y_{a}\left(\frac{x}{H}\right)$$

式中，y_a 为顶部的最大位移。

将此式代入式（8-38）中，得：

$$\eta_{1} = \frac{\int_{0}^{H} \overline{m}_{x} y_{a}\left(\frac{x}{H}\right) dx}{\int_{0}^{H} \overline{m}_{x} y_{a}^{2}\left(\frac{x}{H}\right)^{2} dx} = \frac{3}{2y_{a}}$$

将此式代入式（8-37）中，得：

$$F_{kx} = \frac{3}{2}\alpha_{1} mg \frac{x}{H^{2}} \tag{8-39}$$

当 $H/D \geqslant 10$ 时，认为其为线弯曲振动，其振型函数为抛物线，如图 8-13b 所示，振型函数为：

$$y_{x} = y_{a}\left(\frac{x}{H}\right)^{3/2}$$

将上式代入式（8-38）得：

$$\eta_{1} = \frac{\int_{0}^{H} \overline{m}_{x} y_{a}\left(\frac{x}{H}\right)^{3/2} dx}{\int_{0}^{H} \overline{m}_{x} y_{a}^{2}\left(\frac{x}{H}\right)^{3} dx} = \frac{8}{5y_{a}}$$

将上式代入式（8-37）得：

$$F_{kx} = \frac{8}{5}\alpha_{1} mg \frac{x^{3/2}}{H^{5/2}} \tag{8-40}$$

D　多质点体系模型

对于不等直径或不等壁厚的直立设备，可沿高度方向分成等直径、等壁厚的若干段，每段质量集中于该段的二分之一处，从而简化成多质点（多自由度）体系。如图 8-14 所示。对于多质点体系，具有多个振型，根据振型叠加原理，将多质点体系的计算转化为多个单质点体系的叠加，求每个质点的水平地震力，即

$$F_{ki} = \alpha_1 \eta_1 y_i m_i g$$

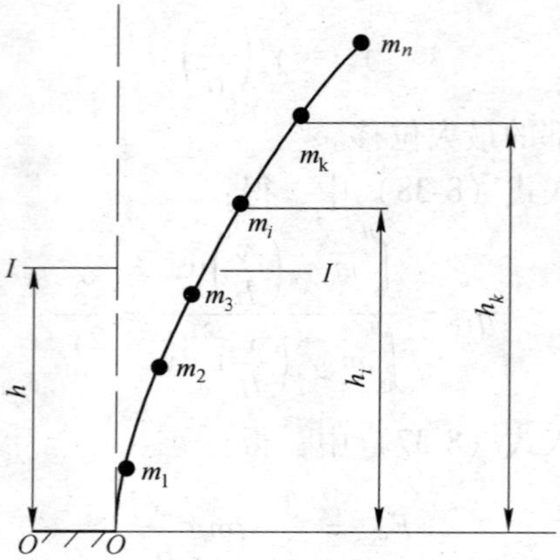

图 8-14　多质点体系

其振型参与系数为:

$$\eta_i = \frac{\sum_{i=1}^{n} m_i y_i}{\sum_{i=1}^{n} m_i y_i^2}$$

计算时，只要知道每个质点的相对水平位移 y_i，即可求出第一振型的振型参与系数。

8.2.2　风载荷

安装在室外的直立设备将受到风力的作用，风吹过设备时，将在顺风向上受到平均风和脉动风（纵向振动）的作用，同时在垂直于风向上受到诱导振动（横向振动）。

8.2.2.1　风对直立设备的顺风向作用

风载荷是一种随机载荷，对于顺风向风力可分为两部分，其一是平均风力（又称稳定风力），是长周期成分，周期值常在10min 以上，在一定的时间间隔内可视为速度、方向和其他物理量都不随时间而改变的量，并且它的变化周期远大于结构的自振周期，所以它对结构的作用，相当于静力作用，应用静力学方法计算。其二是脉动风力，脉动风力的强度随时间变化，特点是随机的，变化周期短，它对结构的作用是动力的作用，采用随机振动的理论计算。脉动风力是非周期性的随机作用力，会引起直立设备的振动，在进行计算时，通常将其折算成静载荷，即在静力的基础上考虑与动力有关的折算系数，称为风振系数。

A　稳定风压的静力作用

由平均风速换算过来的风压称之为稳定风压，对直立设备所产生的载荷为

$$P_j = K_1 f q_0 A \tag{8-41}$$

如果将直立设备分成若干段，则稳定风压对第 i 段产生的风载荷为：

$$P_{ji} = K_1 f_i q_0 A_i \tag{8-42}$$

式中　K_1——体型系数；

f_i——高度变化系数；

q_0——塔设备所在地区的基本风压值；

A_i——第 i 段塔体的迎风面积。

（1）基本风压 q_0：一般按当地空旷平坦地面上 10m 高度处 10min 平均风速现测数据，经概率统计得出 50 年一遇最大值确定的风速，再考虑相应的空气密度，按 $q_0 = \frac{1}{2}\rho v_0^2$(Pa)确定风压值，但取值不低于 300(Pa)。空气密度 ρ：一个大气压下，10℃时的干空气密度，即 $\rho = 1.25\text{kg/m}^3$。

（2）基本风速 v_0：采用该地区离地面高度 10m 处，30 年一遇，采用 10min 时的平均最大风速。

（3）高度变化系数 f：由于空气具有一定的黏度，所以它能承受剪应力。当它与地面上的物体接触时，形成一具有速度梯度的边界层气流，因而风速或风压是随地面的高度而变化的，到距地面 300 ~ 500m 以上的地方，风速才不会受地面影响，所以风

压等于基本风压 q_0 与高度变化系数 f_i 的乘积。

（4）体型系数 K_1：结构的不同形状，在相同的风速条件下，其上的风压分布是不同的，对细长圆柱形直立结构，体型系数 $K_1=0.7$，体型系数与雷诺数有关。

（5）迎风面积 A_i（m^2）：是指直立设备受风部分在垂直风向的计算段的有效直径 D_{ei}（m）与其高度 h_i（m）的乘积。

B 脉动风压的动力作用

脉动风压对直立设备产生的动载荷按下式计算：

$$p_{mi} = K_1 q_0 \xi \gamma \phi_i A_i \tag{8-43}$$

（1）脉动增大系数 ξ 见表 8-4。

表 8-4 脉动增大系数 ξ

$q_0T_1^2$/kPa·s²	0.01	0.02	0.04	0.06	0.08	0.10	0.20	0.40	0.60
ξ	1.47	1.57	1.69	1.77	1.83	1.88	2.04	2.24	2.36
$q_0T_1^2$/kPa·s²	0.80	1.00	2.00	4.00	6.00	8.00	10.00	20.00	30.00
ξ	2.46	2.53	2.80	3.09	3.28	3.42	3.54	3.91	4.14

注：计算 $q_0T_1^2$ 时，对地面粗糙度 B 类地区可直接代入基本风压，而对 A 类、C 类和 D 类地区应按当地的基本风压分别乘以 1.38、0.62、0.32 后代入。

（2）脉动影响系数 γ 见表 8-5。

表 8-5 脉动影响系数 γ

总高度/m		10	20	30	40	50	60	70	80
粗糙度类别	A	0.78	0.83	0.86	0.87	0.88	0.89	0.89	0.89
	B	0.72	0.79	0.83	0.85	0.87	0.88	0.89	0.89
	C	0.64	0.73	0.78	0.82	0.85	0.87	0.88	0.90
	D	0.53	0.65	0.72	0.77	0.81	0.84	0.87	0.89
总高度/m		90	100	150	200	300	350	400	450
粗糙度类别	A	0.89	0.89	0.87	0.84	0.79	0.79	0.79	0.79
	B	0.90	0.90	0.89	0.88	0.84	0.83	0.83	0.83
	C	0.91	0.91	0.93	0.93	0.91	0.90	0.89	0.91
	D	0.91	0.92	0.97	1.00	1.01	1.01	1.00	1.00

（3）振型系数 ϕ_i 见表 8-6。

表 8-6 振型系数 ϕ_i

相对高度 h_{it}/H \ u	1.0	0.8	0.6	相对高度 h_{it}/H \ u	1.0	0.8	0.6
0.1	0.02	0.02	0.01	0.6	0.48	0.44	0.41
0.2	0.07	0.06	0.05	0.7	0.60	0.57	0.55
0.3	0.15	0.12	0.11	0.8	0.73	0.71	0.69
0.4	0.24	0.21	0.19	0.9	0.87	0.86	0.85
0.5	0.35	0.32	0.29	1.0	1.00	1.00	1.00

注：u—设备顶端与底端有效直径的比值；

h_{it}—直立设备第 i 计算段顶部截面至地面的高度，m；

H—直立设备总高度，m。

C　水平风力计算公式

顺风向风力对直立设备的作用为：

$$p = p_{ji} + p_{mi} \tag{8-44}$$

将式（8-42）、式（8-43）代入式（8-44），得：

$$p = K_1 f_i q_0 A_i + K_1 q_0 \xi \gamma \phi_i A_i = K_1 f_i q_0 A_i \left(1 + \frac{\xi \gamma \phi_i}{f_i}\right)$$

令 $K_{2i} = 1 + \dfrac{\xi \gamma \phi_i}{f_i}$，则直立设备的水平风力为：

$$p = K_1 K_{2i} f_i q_0 A_i = K_1 K_{2i} f_i q_0 D_{ei} h_i \tag{8-45}$$

风振系数 K_{2i}：风振系数是考虑风载荷的脉动性质和直立设备的动力特性的折算系数，直立设备的振动会影响到风力的大小，当设备很高时，基本周期越大，设备摇晃越大，则反弹时在同样的风压下引起更大的风力。对设备高 $H < 20$m 时，$K_{2i} = 1.70$；对设备高 $H > 20$m 时，按 $K_{2i} = 1 + \dfrac{\xi \gamma \phi_i}{f_i}$计算。

D　风弯矩计算

直立设备在外力平均风力、脉动风力作用下，并且风压的大小是随高度而变化的，因此，由风载荷产生的内力系，即风弯矩。计算时常将直立设备沿高度分成几段，先求出各段的风载荷，然后求出诸计算截面上的弯矩。计算时，分段越多，就越接近于实际的风载荷分布情况，算出的塔截面弯矩就越精确。如图 8-15 所示，各段的风载荷为：

$$p_1 = K_1 K_{21} q_0 f_1 h_1 D_{e1}$$

$$p_2 = K_1 K_{22} q_0 f_2 h_2 D_{e2}$$

$$\vdots$$

$$p_i = K_1 K_{2i} q_0 f_i h_i D_{ei}$$

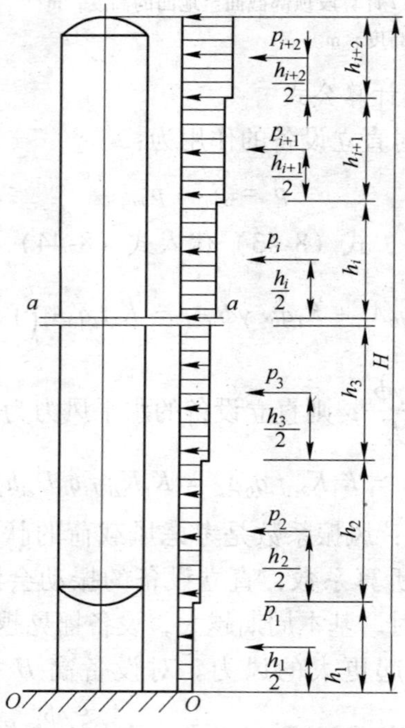

图 8-15 风弯矩计算图

各段风载荷在直立设备任意计算截面 a-a 上产生的总弯

矩，为：

$$M_{\mathrm{w}}^{a\text{-}a} = p\frac{h_i}{2} + p_{i+1}\left(h_i + \frac{h_{i+1}}{2}\right) + \cdots + p_n\left(h_i + h_{i+1} + \cdots + \frac{h_n}{2}\right) \tag{8-46}$$

式中的下标 i 是截面 a-a 以上的第一个计算段的序号。

8.2.2.2 风对直立设备的横风向振动作用

室外大型直立设备在风的作用下将产生两个方向的振动，一种是顺风向的脉动风产生的顺风向振动；另一种是由于风绕过设备而在垂直于风向方向产生的横风向振动。前者振动与风速大小及其变化有关，称为风的载荷振动。后者是由卡门涡街造成的，可通过流体力学计算得到，称为风的诱导振动。

直立设备在风的作用下，当振动频率接近于设备的自振频率时，就会发生共振，共振可使直立设备的振幅达到一个峰值，由惯性力引起的弯矩也达到最大值，导致容器破坏。因此，研究直立设备振动问题主要是研究其共振现象。

A 风的诱导振动

风吹过直立设备做绕物流动，当雷诺准数 Re 达到一定值时，在直立设备背流面出现稳定的非对称的、排列有规则的、旋转方向相反的、交替从物体脱落的漩涡，形成两行排列整齐的向下游运动的涡列，即卡门涡街，如图 8-16 所示。由此可知，在设备的背风两侧交替产生漩涡，动能和压力能相互转换，故两侧对流体的阻力不同并周期性变化。在某一瞬间，阻力大的一侧（即形成漩涡并在长大的一侧）气流速度较慢，故静压强较高；而阻力较小的一侧，则气流速度较快，静压强较低，因而在阻力大

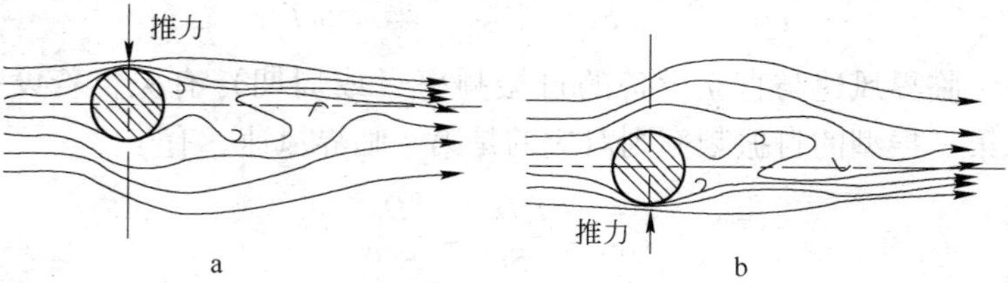

图 8-16 振动推力的产生

的一侧产生一个垂直于风向的推力。当一侧漩涡逸散后，在另一侧产生漩涡，于是又产生相反方向的推力。由于推力方向交替改变，故直立设备在与风向垂直的方向上产生振动，称诱导振动。

B　风诱导振动周期

卡门涡街是以一定的频率产生、释放和逸散的，此频率 f 与风速 v 及圆柱体外径有关。其关系可用斯特劳哈尔准数 St(Strouhal Number)表示，即

$$St = \frac{fD_0}{v} \tag{8-47}$$

式中 f——漩涡释放频率，或单位时间内产生的漩涡数，1/s；

D_0——圆柱体（塔）的外径，m；

v——风速，m/s。

斯特劳哈尔数常近似为常数：$St = 0.21$。

诱导振动频率，由诱导振动产生的原因可知，其振动频率与漩涡形成（或释放）的频率相同，由此得直立设备的振动周期为：

$$T = \frac{1}{f} = \frac{D_0}{0.2v} = \frac{5D_0}{v} \tag{8-48}$$

当设备的振动周期 T 接近其自振周期 T_1 时，会发生共振。

C　临界风速

当设备的自振频率 f 与漩涡脱落的频率相等（即 $f_s = f$）时，将发生共振，若把发生共振时的风速定义为临界风速 v_{cr}，则

$$v_{crj} = \frac{f_j D_0}{St} \quad 或 \quad v_{crj} = \frac{D_0}{StT_j} \tag{8-49}$$

临界风速与直立设备的自振频率（或周期）有关，若设备取第一振型的自振频率则对应的是第一临界风速，有

$$v_{cr1} = \frac{f_1 D_0}{St} = \frac{D_0}{StT_1}$$

同理第二临界风速为：

$$v_{cr2} = \frac{f_2 D_0}{St} = \frac{D_0}{StT_2}$$

当风速 $v < v_{cr1}$ 时，设备不会发生共振；

当风速 $v_{cr1} \leqslant v < v_{cr2}$ 时，必须考虑一阶振型共振；

当风速 $v \geqslant v_{cr2}$ 时，必须考虑二阶振型共振。

8.3 直立设备应力分析

直立设备承受压力（内压或外压）、弯矩（地震弯矩、风弯矩和偏心弯矩）和轴向载荷（塔设备、塔内介质及附件等重量）的联合作用。内压使设备产生轴向拉应力，外压则引起轴向压应力；弯矩使设备的一侧产生轴向拉应力，另一侧产生轴向压应力；重量使设备产生轴向压应力。由于压力、弯矩、重量随直立设备所处状态而变化，组合轴向应力也随之而变化。

（1）由内压或外压引起的轴向应力。对于圆筒形壳体，由内压或外压引起的轴向应力 σ_1 为：

$$\sigma_1 = \pm \frac{pD_i}{4S} (\mathrm{MPa}) \tag{8-50}$$

式中 p——设计压力（内压或外压），MPa；

D_i——圆筒形壳体的内径，mm；

S——圆筒形壳体壁厚（不计入壁厚附加量），mm。

内压操作时取正号，为拉应力；外压操作时取负号，为压应力。

（2）由轴向载荷引起的轴向应力。

$$\sigma_2^{a} = -\frac{m^{a} g \mu F_{v}^{a}}{A_{a}} \tag{8-51}$$

式中 m^{a}——筒体 a-a 计算截面以上的质量；

F_{v}^{a}——计算截面 a-a 处的垂直地震力；

A_{a}——计算截面 a-a 处的截面积。

（3）由最大弯矩引起的轴向应力。

$$\sigma_3^{a} = \pm \frac{M_{max}^{a}}{W_a} \tag{8-52}$$

式中　M_{max}^{a}——计算截面 a-a 处的最大弯矩，按不同工况进行组合。

在地震方向或迎风侧取正号，背方向取负号。

（4）组合轴向应力。塔体 a-a 截面上的组合应力是上述三项轴向应力的总和，即：

$$\sigma^{a} = \pm \frac{pD_i}{4S} - \frac{m^{a}g \pm F_v^{a}}{A_a} \pm \frac{M_{max}^{a}}{W_a} \tag{8-53}$$

参 考 文 献

[1] 赵正修. 石油化工压力容器设计[M]. 北京：石油工业出版社，1985.
[2] 余国琮. 化工容器及设备[M]. 北京：化学工业出版社，1980.
[3] 陈国理. 压力容器及化工设备[M]. 广州：华南理工大学出版社，1988.
[4] 郑津洋，董其伍，桑芝富. 过程设备设计[M]. 北京：化学工业出版社，2005.
[5] 陈旭. 过程装备力学基础[M]. 北京：化学工业出版社，2006.
[6] 卓震. 化工容器及设备[M]. 北京：中国石化出版社，2008.
[7] 徐芝伦. 弹性力学[M]. 北京：高等教育出版社，1980.
[8] 铁木辛柯. 弹性理论[M]. 北京：高等教育出版社，1964.
[9] 范钦珊. 压力容器的应力分析与强度设计[M]. 北京：原子能出版社，1979.
[10] 黄载生. 化工机械力学基础[M]. 北京：化学工业出版社，1990.
[11] R W Nichlos. Pressure vessel codes and standards, Developments in pressure vessels technology_ 5[M]. Elsevier Applied Science Publishers, 1987.
[12] 黄炎. 弹性薄板理论[M]. 长沙：国防科技大学出版社，1992.
[13] Milne I, Ainsworth R A, Dowling A R, et al. Assessment of the Integrity of Structures Containing Defects [R]. CEGB Report R/H/R6-Rev. -3, 1986; Int. J. PressVes. & Piping32(1988)3 ~ 104.
[14] 黄克智，等. 板壳理论[M]. 北京：清华大学出版社，1987.
[15] 王志文. 化工容器设计[M]. 北京：化学工业出版社，1990.
[16] 机械工程手册机电工程手册编辑委员会. 机械工程手册·第二版[M]. 北京：机械工业出版社，1996.
[17] 高慎琴. 化工机器[M]. 北京：化学工业出版社. 1992.
[18] 吴福光，等. 振动理论[M]. 北京：高等教育出版社. 1987.
[19] 化工机械手册编辑委员会. 化工机械手册[M]. 天津：天津大学出版社，1991.
[20] Anderson T L. Fracture Mechanics Foundational and Application[M]. CRC Press,1991.
[21] 全国压力容器标准化技术委员会. 钢制压力容器(GB 150—1998)[S].
[22] 全国压力容器标准化技术委员会. 钢制压力容器——分析设计标准(JB 4732—95)[S].
[23] 路秀林，王者相，等. 塔设备[M]. 北京：化学工业出版社，2004.